奥妙科普系列丛书

全彩版

DISCOVERY

让青少年着迷
的科普书

彩图珍藏版

缤纷的
动物世界

刘阳◎编著

U0727712

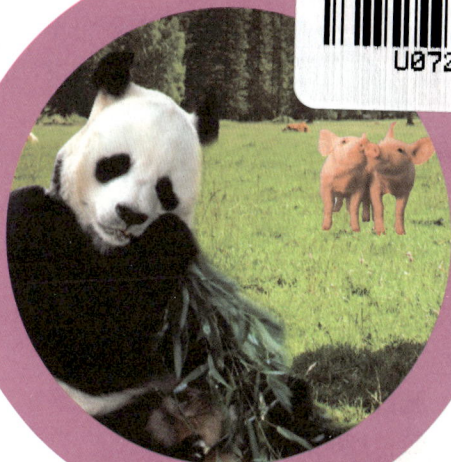

吉林出版集团股份有限公司·全国百佳图书出版单位

图书在版编目 (CIP) 数据

缤纷的动物世界 / 刘阳编著 . -- 长春：吉林出版
集团股份有限公司，2013.12（2021.12 重印）
（奥妙科普系列丛书）
ISBN 978-7-5534-3912-9

Ⅰ.①缤… Ⅱ.①刘… Ⅲ.①动物—青年读物②动物
—少年读物 Ⅳ.① Q95-49
中国版本图书馆 CIP 数据核字 (2013) 第 317299 号

BINFEN DE DONGWU SHIJIE

缤 纷 的 动 物 世 界

编　　著：刘　阳
责任编辑：孙　婷
封面设计：晴晨工作室
版式设计：晴晨工作室
出　　版：吉林出版集团股份有限公司
发　　行：吉林出版集团青少年书刊发行有限公司
地　　址：长春市福祉大路 5788 号
邮政编码：130021
电　　话：0431-81629800
印　　刷：永清县晔盛亚胶印有限公司
版　　次：2014 年 3 月第 1 版
印　　次：2021 年 12 月第 5 次印刷
开　　本：710mm×1000mm　1/16
印　　张：12
字　　数：176 千字
书　　号：ISBN 978-7-5534-3912-9
定　　价：45.00 元

前言

Foreword

在美丽而神秘的地球上不是只有人类一个大家族，在千千万万的生物中有这样一个和人类关系非常亲密，也有着自己的特长和智慧的一族，它们就是各种各样的动物朋友们。虽然没有人类这么聪明和智慧，但是动物们却依旧在地球上用自己的方式安静而和谐地生活着，它们对人类也有着特定的帮助。

它们带给我们快乐，带给地球活力，带给世界生机……从陆地上行走的，到天空中翱翔的，或者是水中畅游的，它们用自己独特的方式告诉世界和人类："我们和你们一样，有生存的权利，我们也是你们人类忠实的朋友。"是的，如果没有动物，我们人类是孤单的，如果没有动物，我们人类也不会进步得如此之快。很多现实中的技术和发明都是人类从动物世界中吸取灵感才出现的。

目录

目录

第五章　**数量庞大的昆虫**

目录

第一章
人类并不孤单

世界真的是非常奇妙！走入美丽的大自然我们会发现在我们周围存在着很多可爱的朋友。天上飞的，地上跑的，海里游的，树上爬的……虽然各自有各自的生活方式，但是它们都像人类一样有生命，作为万物的灵长，人类只是地球上动物大家庭中的一分子，在人类之外还有很多陪伴我们的朋友。

我们的**动物朋友**都有哪些

我们看到过很多动物，但是世界上到底有多少种动物呢？到现在为止，世界上已经有超过 150 万种的动物被人类发现了。

正是因为进化和自然选择才让它们有各自的形态和特点，正是这样不同的物种才让我们的生活更加多姿多彩。

我们的朋友可是非常聪明的，那些天上翱翔的雄鹰们正是由于它们强健的双翅和中空的骨头，再加上气囊与肺部相连才使得它们能够克服重量的限制得以快速地飞行。

我们再看看那些身穿厚实、暖和的"衣服"的动物吧，它们就是因为那一层外衣保持体温而使得自己能够自在地生存，看来它们真的是很聪明呢。

小时候我们也许会好奇，为什么鱼儿们可以在水中自由自在地游动？那是因为鱼儿们长着利于它们游行的鱼鳔和鳞片，同时又兼有供它们呼吸用的鳃。

不难发现，每种动物之所以以不同姿态在大自然中生存都是因为它们有着独特的身体结构。

我们都听过龟兔赛跑的故事吧，现在想一想，如果兔子和乌龟在水里赛跑的话，那么乌龟就不会那么难地获得冠军了吧？这是因为乌龟有更适合在水里运动的身体结构——鳍状肢。

可见，有时候为了适应环境，为了生存，动物们的

❖ 雄鹰

身体结构也在不断地变化着。

世界上有这么多种动物，那么我们该如何给它们准确地分类呢？伟大的哲学家亚里士多德曾经把动物分为红色血液和无红色血液两种，不过，随着科学的发展，这种分类显得越来越不科学了。一直到现在，界、门、纲、目、科、属、种这七个等级的分类方法已经形成了。

这七个等级由低到高为种、属、科、目、纲、门、界。一位从小就对植物学非常感兴趣的著名植物学家林奈最早提出了最低级别的物种，也就是上面说的种。我们非常熟悉的鹦鹉、麻雀、蝴蝶等都是一种物种名称。不要小看"种"，它对生物的形态特征和能否繁育后代起着决定性的作用。

这位瑞典的植物学家林奈，被誉为"近代生物分类学的奠基人""近代生物分类学之父"。他不仅提出了物种的概念，还确立了基本的生物分类体系。著名的"双名命名法"就是由林奈引入的，这是一种怎样的命名法呢？这种命名法把物种的名字称为学名，而学名由属名和种名共同构成。虽然世界上有无数种语言，但是对于动物的学名可是统一的，它们都是用拉丁文或者希腊文来书写。

学名是怎么一回事呢？举一个简单的例子来说明一下吧。例如，我们人类的学名叫作 Homo sapiens（智人），在这个学名的组成当中，sapiens 是一种种名，而 Homo 是一种属名。根据生物的分类，属名相同的是同属。

就像我们平时的分类需要一定的标准一样，动物分类也要根据不同的标准。我们可以按照有无脊椎、变温恒温，或者是

鱼

有性生殖与否把动物进行分类。在平时的分类当中，最常用的就是根据有无脊椎进行分类，我们把动物分为脊椎动物和无脊椎动物。

世界上的脊椎动物有多少种？全世界已知的脊椎动物约有 4.2 万种，这无疑是一个庞大的数字。我们平时熟知的鱼类、哺乳类、鸟类、爬行类、两栖类就是脊椎动物里基本的小分类。而无脊椎动物的种类比脊椎动物要多得多，大约有 140 万种，无脊椎动物又分为腔肠动物、环节动物、扁形动物、棘皮动物和软体动物等。

❖ 乌龟

Part1 第一章

原来**朋友们**是这样产生的

我们并不孤单就是因为我们有这么多可爱的朋友！高树上啁啾的鸟儿们，草原上奔跑的马儿们，让乡间不再沉寂的鸡鸭鹅狗们，还有那水里自由自在的鱼儿们，这些被叫作动物的朋友们让我们的生活丰富多彩。这些可爱的朋友们是如何产生的呢？

❖ 贝壳

达尔文告诉我们适者生存，物竞天择，而动物们就是因为这样的自然规律而变成如今的样子的。作为生物载体的地球在 46 亿年前就存在了。不过那个时候的地球并不像现在这样，它热得就像一个火球，地球上也没有人和任何生物。到 35 亿年前，由于一些化学反应，慢慢地就出现了生物。

那个时候的生物可不是我们现在看到的这样。它们都是非常简单的生命，而且都生活在水里。我们最初的朋友为什么要躲在水里面呢？原来那个时候海洋外面恶劣的环境并不适合它们生存。再后来，地球上有生命的这些生物的身体结构越来越复杂，也越来越完善了。5 亿年前的时候，软体动物产生了。

❖ 达尔文

缤纷的动物世界

知识小链接

通常我们所说的地热资源是指较深的地热井或者构造运动产生的裂隙而散发出来的地热能源。季节变化的控制因素就是太阳辐射，以及由此引起的地球表层空气环流系统，夏天地球表面比冬天热是因为夏天北半球接受辐射量大，地壳被传递的能量多。

慢慢地，贝壳等比较低等的动物也相继产生了。低等动物出现不久后，鱼类也进入了我们的生活。

随着时间的流逝，海洋外面的世界也慢慢地更加适合动物们生活了。于是，动物们试着走出海洋，尝试着登上陆地，这些敢于走出海洋的动物们也在自然法则的作用下取得了优势。

后来，地球或大或小地发生了很多变化，而这些动物们也经过不断地进化而演变成我们现在看到的这些形态各异，有着各自特点的动物们。

当然，我们的朋友也不是只有动物而已。那些在地球上生存的植物，甚至是微生物其实也是我们的朋友，正是它们的存在才让我们的生活不单调、不乏味。

但是，可怜的植物们多数被动物朋友们当作饱腹的食物了。根据这个标准我们的动物朋友们也被分为植食动物和肉食动物，只吃植物的被称为植食动物，只吃动物的被称为肉食动物，而那些比较贪婪的两者都吃的就被我们称作杂食动物了。

哺乳动物

Part1 第一章

小动物大作用

我们的世界就像一个大的家庭，我们生存的自然环境也是一个大家庭，这个家庭的名字叫作"生态系统"。

"生态系统"有自己的成员，就是生物、水、土壤、空气和周围的环境。这些成员为生态系统的运行起着重要的作用，这其中的任何一环出了问题都会影响到整个生态系统的运行。

在生态系统这个大家庭里，动物起着不可替代的作用。在这个大家庭里也有很多的小家庭，在生物这个小家庭里有生产者、消费者和分解者这三种成员。生产者是能够自给自足的绿色植物，消费者就有点小小的贪婪，它是依靠吸取别的生物的营养物质生存的动物，而分解者则包括细菌、真菌等微生物，这些微生物是靠着分解那些生物尸体或者是排泄物来供自己生长的。

可见，动物就是那些"不劳而获"的消费者，而这些消费者也有所不同。它们又有以植物为食的初

知识小链接

细菌、真菌、土壤原生动物和一些小型无脊椎动物，它们靠分解动植物残体为生，称为分解者。微生物在生态系统中起着养分物质再循环的作用，为生产者的再生产提供了重要的基础。

❖ 兔子

级消费者，以初级消费者为食的次级消费者和以次级消费者为食的三级消费者三类。

正如我们人类需要吃饭一样，动物们也需要取食，因为取食所以有了被取食。它们就这样一级一级地联系着，因而产生了"食物链"。可爱的小白兔吃脆脆的胡萝卜，可是凶狠的大灰狼会吃小白兔，这就是一条简单的食物链。正如人类平时也会吃不同的食物一样，动物们也会吃不同的东西，也可能被不同的动物所食。所以，动物们组成的食物链也相互联系交错着，于是，一张我们看不见的食物网就诞生了。

❖ 狼

作为消费者的动物对于维持生态系统平衡的重要性是不容忽视的。有这样一个真实的事例，在一片草原上人们过着和谐欢乐的日子，可是，因为狼总是会伺机吃掉可爱的羊儿们，所以人们开始大范围地捕杀狼，一段时间以后草原上狼的数量急剧下降。人们本以为可以安心地过日子了，可是，不久羊儿们啃食草的速度加快了，草的急剧减少让土地的状况恶化，开始出现荒漠化。于是，人们意识到狼的重要性，就从外面买了很多狼重新放到草原上。终于，草原又恢复到了以前的样子。可见，一旦有一个链上的生物的数量不能稳定，那么生态系统就不能平衡，都会给整个生态系统带来巨大的伤害。

生态系统中的成员构成了一个"金字塔"。最底层数量最多的就是生产者。而三级消费者的数量最少，往下依次是次级消费者和初级消费者。这个金字塔就是"食物金字塔"。这个金

❖ 羊

字塔的每一层稳定了，整个金字塔才可以稳定，生态系统才可以平衡。

人可以离开家，可以离开国家，甚至可以离开地球，动物们也可以像我们一样去"外面"看一看，但是这随便的一看很可能带来难以想象的后果。水貂和鲈鱼这些动物就是从别的地方来到韩国的，这些"移民"被称为归化动物，它们在新的国度里生存繁殖。但是，这些"移民"也给韩国的固有的生态系统带来了困扰，它们破坏了这里的食物链，因为它们没有天敌，所以数量剧增，从而破坏了生态系统的平衡。可见，动物在生态系统中的是至关重要的！

❖ 勤劳的蜜蜂在采蜜

动物的作用不只是这一种，我们常常看到勤劳的蜜蜂或者是美丽的蝴蝶采蜜，它们在雌蕊和雄蕊间的奔波让花儿可以繁育出下一代。可爱的小松鼠也会把松子带到别处从而长出新的松树。总之，动物们为植物们繁育下一代立下了不小的功劳。

听了这么多动物的作用，我想我们应该更加敬佩这些可爱的动物朋友了吧。

■ Part1 第一章

人类的"近亲"——哺乳动物

世界上的动物种类实在是太多了，那么哪类动物和我们人类最相似呢？那就是我们平时常常看到的猪、马、羊、狮子、鲸鱼、猫、狗、大象等这些用自己的乳汁来喂养自己刚出生的宝宝的动物。

这些哺乳动物是人类的"近亲"了，而我们人类是高级的哺乳动物。哺乳动物的由来一直是一个谜团，科学家们猜测以人类为首的哺乳动物是由下孔类演变而来。小男孩们喜欢看的恐龙等体积庞大的爬行动物在白垩纪末期忽然消失了，从那以后恐龙似乎就成了一个传说，而如今繁多的哺乳动物的数量却日益增多，迄今为止约有 4500 种左右。

那么人类的"近亲"都有哪些特点呢？

一般的哺乳动物体外都会有一层供它们保持身体温度的体毛，正是因为这层体毛让它们可以在各种环境下——温度很低或是非常炎热的地方可以继续生活。当然，为了保持恒温只有这一层毛是不够的，它们的心脏十分强健，循环系统更是非常发达，因此它们可以在体内均匀分配自己的血液。

❖ 狗

哺乳动物的特点是它们的幼体由母体产下并依靠母体的乳汁活下来。

有人说动物中最聪明的是黑猩

猩，这并不是胡乱说的。人类是有智慧的高级动物，我们的"近亲"——哺乳动物当然也不会逊色。它们有着很发达的大脑，所以也就有了学习力和记忆力。和人类形态最像的黑猩猩会像最原始的人类一样，运用工具来得到自己想要的藏在白蚁家里的白蚁。

哺乳动物依次属于动物界，脊索动物门，脊椎动物亚门，哺乳纲。它们主要按外形、头骨、牙齿、附肢和生育方式等来划分，习惯上分三个亚纲：真兽亚纲、后兽亚纲、原兽亚纲，现在约有 29 个目 5400 多种。

动物中最高的是谁呢？对了，就是长颈鹿。为什么同样是哺乳动物，长颈鹿却是最高的呢？虽然多数哺乳动物都有 7 块颈椎，但是颈椎的大小可不一定是完全一样的，所以，动物们的脖子也就长短不一了。

在哺乳动物这个大家庭里有很多个成员，哺乳纲下分有很多目。

人类属于灵长目，我们非常喜欢的大猩猩、猴子、黑猩猩都属于这种目。灵长目的嗅觉有点迟钝，因为鼻子比较小。但是，它们视觉非常发达。不难发现，猴子等灵长目的大脑相对于身体来说有点大，它们也和人类一样有手脚，而且也有五个趾，但是人类的手脚可比动物灵活多了，所以我们才能做很多动物不能做的事情。

在哺乳动物这个大家族中，最小的就是猪鼻蝙蝠。1.6 克的体重分配在 2.5 厘米的体长上，可以想象它有多么的微小了。这种小型的哺乳动物生活在泰国。最大的要数被称为剃刀鲸的蓝鲸了，它的体长超过 30 米。因为如此长所以它也是最重的。不要以为一头大象有多大，它的体重还不及蓝鲸的一个舌头！十几岁的儿童稍微重一点的就是 50 千克的样子，但是蓝鲸平均体重就

❖ 大象

有 100 吨，这是多么庞大的数字啊！仅仅是它的骨头就有 7 吨重。

❖ 狮子

哺乳动物中有一种比较残忍的动物，那就是食肉目动物。它们常捕杀其他动物，狼、海豹、狮子、熊等都是凭借其锋利的爪子和牙齿捕杀动物的哺乳动物。

除了食肉的还有植食性动物，而蹄目动物多数是植食性的。它们善于奔跑，也可以利用角和蹄来保护自己。奇蹄目动物有犀牛和马等，偶蹄目的有鹿和牛等。

哺乳动物中分布最广、数量最多的一个类别是为了不让自己牙齿持续生长而必须经常磨牙的啮齿目，松鼠、花鼠、田鼠、老鼠等都属于啮齿目。其种数大约占哺乳动物总种数的一半，其次就是翼手目。

身上常常挂着"袋子"的袋鼠属于有袋目，但不是每只袋鼠都有这个袋子，只有雌性的才有，因为它们要用"袋子"来生养下一代。

Part1 第一章

点缀天空的鸟类

仰望天空可以看见空中翱翔的鸟类，它们是脊椎动物。我们生活中常见的有鸽子、麻雀这些鸟儿。

但是，并不是所有的鸟类都会在天空中自由飞行。乡下饲养的鸡，南极会游泳的企鹅，还有动物园里面的长跑健将鸵鸟，它们就只能羡慕高飞的那些鸟类了。

我们都知道鸟类们生了蛋以后会把蛋牢牢地压在身体下面，我们还会担心它们会压碎孕育着小生命的蛋。其实，我们都多虑了，鸟类的蛋壳非常坚硬。不同鸟类的蛋的颜色、大小、形状、每次下蛋的数量都略有不同。别看鹌鹑那么小，鹌鹑每次可以生十几枚蛋，而信天翁每次却只生珍贵的一枚。

哺乳动物有体毛保持自己的体温，鸟类也有羽毛。鸟类的羽毛不仅有助于鸟类保持体温，还有利于它们飞行。同时，羽毛也是鸟类自我保护的工具之一。

能像鸟儿一样自由地飞行估计是每个人小时候的梦想，那么为什么鸟类可以自由飞翔而我们却不能呢？这是因为鸟类的身体非常轻巧，而这得益于它们中空的骨头，以及9个与肺部相连的能储存氧气的气囊。

> **知识小链接**
>
> 世界上最小的鸟是爱吃花粉花蜜的蜂鸟。千万不要小看这小小的蜂鸟，它可是有很多世界之最。它是世界上每秒钟振动翅膀次数最多的鸟。正由于它的翅膀振速最快，因此它也是世界上唯一能朝后飞的鸟。

❖ 鹌鹑

■ Part1 第一章

亮晶晶的爬行动物

在运动的时候，多数鸟类离大地的距离很远，那么和大地距离最近的动物是什么呢？答案就是身上长着鳞片的爬行动物。

蜥蜴、鳄鱼，还有让人害怕的蛇都是爬行动物。目前世界上已知的爬行动物多达 8000 种。不要小看蛇、蜥蜴以及蚯蚓，仅仅是它们的种数就高达爬行动物种数的 95％呢。

爬行动物有很多特征。

人类用肺部呼吸，爬行动物也是。爬行动物非常聪明，有的爬行动物为了保护自己会改变自己身体的颜色。它们身上在阳光下亮晶晶的鳞片也是它们保护自己的工具，这些鳞片可不是为了美观，不仅能抵御敌人来袭，还能防止体内水分蒸发。它们在成长期会换下鳞片，我们称之为蜕皮。

爬行动物多数都是以产卵的方式来生育下一代。

哺乳动物和鸟类有毛可以保持体温，可是爬行动物没有这个本事。它们的体温受外界环境温度影响。除了部分在炙热的沙漠里生活，它们多数都在比较温暖的地方生活，这样才会让它们更加舒适。到了寒冷的时候，它们会美美地睡上一大觉，也就是冬眠了。

> **知识小链接**
>
> 冬眠对乌龟非常重要。在温度低于 12℃左右时它们便开始冬眠，即在北方大约是 10 月底开始到第二年 3 月。但体弱有病的龟不冬眠，新生龟第一年也不冬眠。

❖ 蛇

❖ 鳄鱼

鳄鱼多数生活在热带或亚热带地区的河流、海洋和湖泊中。鳄鱼的头部特征很明显，它们的耳朵、眼睛、鼻子都长在头顶上，只有这样它们才不怕水阻碍这几个器官发挥作用。它们没有鳍，但是后肢趾间有大大的蹼。鳄鱼不仅长得有些恐怖，还很残忍。它们的尾巴非常硬，是攻击敌人最好的工具，被它们捕到的动物就别想生还了，它们的颌部可是刚劲有力啊。

鳄鱼的嘴巴为什么那么大呢？原来是为了排汗和调节体温！看来那一身闪亮的鳞片也有一定的阻隔作用。

小小的蜥蜴也不简单。它们的眼睑可以自由闭合，尾巴比整个身体都长，四肢非常有力。但蛇蜥却没有脚。

❖ 蜥蜴

我们最常见的爬行动物就是蛇，它们多在体外孵化卵，当然，也有直接在体内孵化的。听过蛇吃人的故事吧，为什么小小的蛇可以吞掉这么大的人呢？这是因为它们特殊的颌骨构造，最大的时候可以呈180°的直线。蛇的视觉和听觉较差，但是嗅觉却是一流的。它们可以用舌头收集并分辨空气中的气体颗粒。

行动慢吞吞的乌龟、陆龟和甲鱼等属于龟鳖目，它们可以生长在陆地又可以生在水里，都有坚硬的外壳。它们是长寿的代表，有的乌龟可以活百年之久。

Part1 第一章

水陆皆宜的两栖动物

有些动物可以翱翔天空，有些动物可以在陆地上爬行但是却不会游泳，而水里的鱼儿却只得终生在水中嬉戏。不过，有一种动物却既可以在陆地上生存又可以在水中生活，那就是两栖动物。我们知道的蟾蜍、青蛙都属于世上 3200 多种两栖动物中的一员。

两栖动物是相对安全的，因为它们多了一个庇护自己的场所，同时它们也是幸福的，因为它们可以在水陆两种地方寻觅食物。

为什么两栖动物可以比其他动物多一种选择呢？这是因为它们多数都可以用肺和皮肤同时呼吸。有时候不小心碰到了青蛙，会发现它的皮肤表面黏黏的，可不要好心地把这层黏液擦掉，这可是它用来吸收氧气，帮助呼吸并且保护光滑皮肤的法宝。

两栖动物和鸟类一样也是变温动物。为了不让自己被寒冷侵袭，它们多数都生活在热带，而且会在冬天美美地睡上一觉。

还记得小蝌蚪找妈妈的故事吗？小蝌蚪就是青蛙的卵变的幼崽。两栖动物

知识小链接

最大的两栖动物是大鲵，俗称娃娃鱼。它外形甚似鲶鱼，四肢短小，尾长侧扁，身体扁平而壮实，头又宽又扁，口大，眼小，背面棕褐色，缀有黑色云斑。由于它会发出像孩子叫的声音，所以被称为"娃娃鱼"。

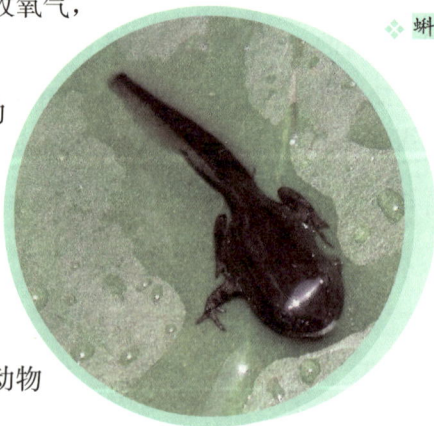
❖ 蝌蚪

❖ 青蛙

基本上都是卵生的。不过，两栖动物每产一次卵可不是几个或者十几个，它们产卵的数量要多得多，可以多达几百枚。但是，不幸的是，多数的卵会被其他动物残忍地吃掉。

再回忆一下小蝌蚪的成长历程吧。小蝌蚪最初像鱼儿一样在水中自由自在地游动，后来长出了后肢却没有了尾巴，再后来它可以到陆地上去寻找自己的妈妈了。但是，在陆地上的时间不能太久，因为它们的肺还不足以支持它们在陆地上呼吸过久，因此，还需要皮肤的帮助。而小蝌蚪的妈妈——青蛙和与青蛙相似的蟾蜍属于无尾目，两栖动物中多数都是无尾目。

无尾目动物还有很多特点。它们的眼睛非常大，视力非常好。甚至有些无尾目动物可以在夜间看得非常清晰，这是因为它们的瞳孔可以垂直收缩。而白天视力非常好则是因为它们的瞳孔可以水平伸缩。无尾目动物不仅视力好，弹跳能力也是数一数二的。这是由于它们前肢短后肢长。它们的听力更是不得了，甚至是寻找配偶这样的事情都借助鸣叫呢。

无尾目动物也比较聪明，它们懂得威胁，也可以说是警告敌人。当然了，这种警告有时候就是一个骗局。它们身体的颜色多数都非常鲜艳漂亮，箭毒蛙是一种有剧毒的无尾目动物，它的毒液附着在皮肤上面，黏黏的，既用来保护自己又能滋润干燥的皮肤。一般的动物看到它都不敢轻举妄动。世界上最毒的箭毒蛙生活

❖ 箭毒蛙

在哥伦比亚西部的一个地方。它们的毒液可谓是比毒药还毒。只要五百万分之一克就可以让一只老鼠毙命，十万分之一克就足以让一个人死去。虽然箭毒蛙如此之毒，不过智慧的人类还是巧妙地利用了它。当地人把毒液涂抹在箭头上来捕猎动物。

❖ 蟾蜍

两栖动物中除了无尾目以外还有有尾目和无足目。

有尾目动物约占 1/10，有尾目动物的代表是生活在清澈的溪涧里或是湖边，喜欢阴暗凉爽的地方的夜行性两栖动物——鲵。它的呼吸器官由最初的鳃到后来的肺和皮肤。它一般都在陆地上生活，只有成年阶段需要繁殖下一代的时候才在水中进行。

鲵也为人类做了贡献。它们可以基本准确地预测雨季和旱季。以前，人们看到鲵在水中产卵时就会准备好足够的水来解决即将到来的旱季的无水灌溉农田的问题。如果鲵在岩石上产下卵，那么雨季就要来了。这是因为颇具母爱的鲵不想自己的孩子们还没有成长好就被雨水无情地带走。

❖ 大鲵

Part1 第一章

水中的**精灵**——鱼类

走进海底世界，各种各样的鱼类看得我们眼花缭乱。迄今为止，人类已知的鱼类已经多达2万种了。而最早的鱼类是在距今4.5亿年前出现的，据科学家们推测，在脊椎动物中，鱼类可以说是最早出现的。

鱼类的特点比较显著，满身的鳞片，帮助游泳的鱼鳍，帮助它们上下运动的鱼鳔，还有吸取水中氧气的鳃。

虽然鱼类这些基本特征都大体相同，但是它们的形态却相差较大。这是由它们所处的环境决定的。在深海中快速游动的金枪鱼、青花鱼等体形酷似锥形，这种形体大大减少了前进的阻力，使得它们游动速度非常快。浅海或海洋底部的鲽鱼是侧扁形。扒开海底的淤泥或者沙子常常会看到和蛇十分相像的鳗鲡、星鳗和盲鳗等。你见过像球一样的鱼吗？那是鲀鱼，它们一般生活在海洋中层地带。

按照鱼类生活的地方将它们分为海水鱼和淡水鱼。海水鱼一般都生活在海洋当中，淡水鱼则是以湖泊、河流和小溪等为家。洄游鱼是为了填饱肚子不得

知识小链接

软骨鱼几乎全是食肉鱼类，有700种，它们生活在海洋里。软骨鱼的身体呈流线型，还长着成对的鳍。它们的表皮上长满了像盾一样形状的鳞片，质地柔软。因为它们的身体呈流线型，所以游泳速度非常快。

❖ **鲽鱼**

不四处游走的鱼，最典型的就是鲑鱼。为了产卵它们不得不从大海出发，一路上历尽千辛万苦游到淡水中。

❖ 金枪鱼

鱼类是不是都要在水中生存呢？不是的！肺鱼即使离开了水也能生存。它们在水中用鳃呼吸，没有水的时候它们不得不到陆地上，用和肺比较相似的一种器官呼吸。这样的特点让它们的生存又多了一层保障。

鱼类还可以按照另一种标准分为无颌鱼、软骨鱼和硬骨鱼。无颌鱼比较擅长乘人之危，它们在那些老弱病残的鱼类身上钻一个小孔，然后贪婪地吮吸它们的血液，它们还会直接吃掉那些已经死掉的鱼。其实，它们这样乘人之危也是不得已的。由于它们没有走在进化的前沿，既没有胸鳍和腹鳍，又没有上、下颌骨，像盲鳗和七鳃鳗都是无颌鱼，它们的形态特别像蛇。软骨鱼包括银鲛、鳐鱼和鲨鱼等。硬骨鱼则包括青花鱼、黄鱼、金鱼、鲤鱼等，硬骨鱼的数量较多，约占世界鱼类的 9/10。

❖ 鳗鲡

Part1 第一章

动物中的大家族——节肢动物

动物中节肢动物占了大部分，大约84%都是长着关节并有结实的外骨骼的节肢动物。

骨骼需要生长，所以节肢动物的表皮也要不断地适应变化的身体，因此节肢动物需要蜕皮。节肢动物能适应不断变化的环境，而且也非常热衷于繁殖自己的后代。

在节肢动物这个大家族里，昆虫超过了80%，占据了主导位置。其种类超过万种，相当繁多。

昆虫的身体构成比较简单，头部、胸部和腹部就构成了一个昆虫。但是，每个部分也不简单，嘴巴、触角、眼睛、两对翅膀、三对足——俱全。昆虫并不是一生下来就成形的，它们有自己的生长阶段，也就是我们常说的变态发育。变态发育又分为经过卵、幼虫及成虫三个阶段的不完全变态和经过卵、幼虫、蛹及成虫四个阶段的变态发育。

❖ 蜘蛛

昆虫的身体结构也有其存在的科学依据。昆虫的翅膀能帮助它们在不利的环境里另寻他地，而它们娇小的体形又能让它们较快地适应不同的地方。

人类都有两只眼睛，看到的范围也就那么多。昆虫也只有两只眼睛，它们的视力范围是不是也和我们人类一样呢？其实不然，它们的眼睛是由众多的小眼面组成的，视力绝对好得惊人。如果你想偷偷地在背后抓住昆虫，那可是有一定难度的。

知识小链接

陆地上最大的节肢动物要数椰子蟹，它也是目前我国唯一的保育类甲壳类动物。然而，椰子蟹虽然体形硕大，在野外非常占优势，但是由于人们经常捕食和干扰它们的栖息地，现在成了台湾寄居蟹中处境最可怜的物种。

昆虫身体外那层坚硬的外骨骼又有什么作用呢？原来是为了抵御敌人的进攻和保持体内的水分。

普遍性中总是存在特殊性，节肢动物中的蜘蛛就显得有些另类。它只有胸部和腹部，而且有四对足，正如我们看到的，它没有飞翔的翅膀。但它却可以利用排丝器官结网来获取食物。当然，它也有牛虻和蝎子这些死对头。

还有多足动物。顾名思义，多足动物就是有很多足的动物，例如蜈蚣，它们的足真的是难以数清。它们身上有很多很多的关节，每个关节都有两个或四个足。它们多在夜间比较潮湿的地方活动和生活。

我们爱吃的螃蟹、龙虾等甲壳动物也是节肢动物，它们有着一层又厚又硬的外骨骼，有的还长着钳子一样的大螯。它们多在水中生活，既会爬行又会游泳。

❖ 螃蟹

Part1 第一章

几种常见的**朋友**

除了上述的几种动物外，还有其他一些常见的动物，只不过它们其貌不扬或生活的地方特殊，不容易引起人们的注意。

空洞的腔肠动物

腔肠动物有的带有含毒细胞的带刺触手，这种杀伤力很强的工具用来猎取食物或是自我保护。因为这个刺细胞所以腔肠动物也被称为刺胞动物。迄今为止，全世界人约有900多种腔肠动物，它们多数生活在海洋里，不过也有一些像水螅、淡水水母一样的动物生活在淡水中。

腔肠动物门大致分为钵水母纲、珊瑚虫纲和水螅纲。

有一种动物你一定非常喜欢，就是钵水母纲的动物。因为它们的身体看起来就像是我们爱吃的透明的果冻，因此也叫它果冻鱼。它们十分漂亮，希腊神话中的女妖美杜莎也非常漂亮，所以它们还有一个有神话色彩的名字——美杜莎。它们通过来回伸缩伞体来喷水从而使身体向前运动。如果它们的触手触碰到猎物，它们便从触手上的特有的刺细胞中

❖ 海底艳丽海葵珊瑚群

射出刺丝，这种刺丝可以轻易地穿透猎物的薄薄的皮肤，进而释放毒性超强足以致命的毒液。

不要以为珊瑚和海葵看起来像植物而把它们当作植物，它们可是生活在海洋里的属于珊瑚虫纲的动物，它们常年在一个地方生活。

❖ 海葵

属于水螅纲的水螅大多数把身体的某一部分紧紧地依附在某地生存，也有一些水螅会在水面上浮着。它们发现猎物时也会用触手喷出刺细胞，先将猎物麻醉，然后再尽情享受一顿美餐。

简简单单的扁形动物

到现在为止，世界上已知的扁形动物已经超过 2 万种了。扁形动物非常简单，它们不仅身体结构简单而且呈对称形，叫它们扁形动物就是因为它们的背腹都十分扁平。它们的生活环境主要是土壤、海洋和淡水中，当然，也有一些是在其他动物身上过着寄人篱下的寄生生活。

❖ 真涡虫

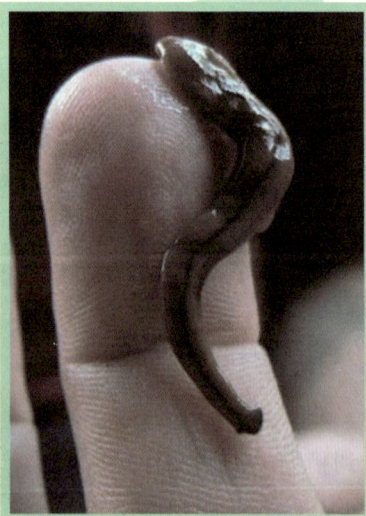

属于涡虫纲的真涡虫是最具代表性的扁形动物，它们通常在水底生活。真涡虫非常特殊，因为它们没有心灵的窗口——眼睛。但不要为它们担心，因为它们有可以分清明暗的眼点，这给它们的生活带来了便利。真涡虫的头部是三角形的，皮肤是褐色的，口在腹部后面，没有供排便的肛门，所以它们不得不将被消化的食物残渣再从口中排出去。

可以产卵繁殖的真涡虫的生命力很顽强，而且它们只生活在干净的水中。它们的再生能力也很强，如果你想靠切断它们的身体让它们毙命，那就大错特错了。因为它们可以在伤口处长出新生组织，进而继续自己的生命，这就是我们说的分裂生殖。

寄生虫中的无钩绦虫和有钩绦虫等属于绦虫纲，它们是寄生在脊椎动物体内的扁形动物。经常吃生肉的话，就容易感染这种寄生虫。

扁形动物中还有属于吸虫纲的生殖系统发达而其他器官则很普通的肝吸虫与肺吸虫，它们通常都寄生在别的动物的主要器官内。

圆柱形的环节动物

圆柱形的环节动物的数量非常多，迄今为止世界上一共有 9000 多种。

为什么称之为环节动物呢？这是因为它们的身体分成了很多节，而且头部与身体的界限在外表上很难辨认。口和肛门分布于身体两侧。它们多数生活在海洋中，只有少数生活在淡水和泥土中。

小时候常常会看到细长的蚯蚓，它们可是泥土的好朋友。它们表面光滑，属于寡毛纲，在土壤中靠着腐败的有机物生活。正是由于它们的相当于肥料的排泄物才使得贫瘠的土壤得到改善。

蚯蚓身上有一圈一圈的环带。环带位于头的周围，和它们的生殖有着密不可分的关系。因为当繁殖期来临时，环带上就会产生保护卵的

知识小链接

蚯蚓的取食通道由口腔和咽构成，口腔很短，在围口囊的腹侧，并且只占有第二或前两个体节。腔壁不厚，腔内也没有颚和牙，所以就不能像普通的动物一样咀嚼食物，不过它有接受和吸吮食物的作用，这让蚯蚓得以继续生存下去。

❖ 蚯蚓

特殊物质。

环节动物中种数最多的一纲是多毛纲。它们借助长在体节处的疣足运动前行，且一般在海底的泥土或沙堆中活动和生活。当然，有时候也会到海面上来透透气。

环节动物中的蛭纲的动物把身体两端的吸盘依附

❖ 蚯蚓

别的动物的身体上，同时以血液或体腔液作为食物生存。

销声匿迹的动物们

当我们走进动物博物馆的时候或许会发现，有很多动物我们根本就没有真正看见过，如今呈现在我们眼前的只有它们的照片或是其他的东西。

因为，随着自然或者人为的影响，它们已经渐渐地从自然界消失了，我们称之为灭绝。如果我们人类不好好地反思自己，不尊重自然规律的话，将会有更多的动物离我们远去，让我们的生活缺少很多乐趣。现在我们来看一看如今再也见不到的几种动物。

17 世纪到 20 世纪之间，人类文明飞速发展，在这短短的 300 年间，世界发生了巨大的变化。同时，也包括 300 多种可爱的动物从世界上彻底地消失。在世界最南端生存的狼、非洲的熊、如雪般白皙的纯白色的狼、体形巨大的海雀、软弱无助的史

知识小链接

斑驴是非洲最著名的灭绝动物之一。人们凭借斑驴身上前部特有的斑纹来区别它和一般的斑马。斑驴身体的中部的条纹褪色变成了黑色，条纹内部变宽，而前肢是普通的棕色。它的英文名字是"quagga"，来源于 khoikuor 语言对斑马的称呼，是个象声词，是斑驴的叫声。

❖ 史德拉海牛侧面图

德拉海牛，还有最大的狮子……

1681 年，非洲东部小岛上的渡渡鸟最终因为人类和自然界的原因而灭绝了。有的时候没有敌人也是件坏事，渡渡鸟的经历就体现了这一点，它们因为没有危险，使得翅膀一点点退化，后来，人类和别的动物的打扰让它们最终走向灭亡。

❖ 渡渡鸟

还有我们或许听都没有听过的旅鸽，由于人类残忍地没有节制地捕杀，导致它们在 1914 年彻底地离开了我们。

当然，这只是众多消失的动物中的几种而已，对于它们的灭绝人类有不可推卸的责任。而自然界的法则告诉我们，一旦生态系统的平衡遭到破坏，就可能会产生巨大的危害，终有一天我们人类也会成为受害者。所以，从现在开始，让我们携手同心，爱护自然，关爱动物，保护我们的地球家园。

海牛

Part1 第一章

动物们是如何成为现在的样子的

自然界是一个神奇的世界。在这个世界里有无数种生物，然而有限的自然界，不断变化的环境给生物带来了不同程度的挑战。

那些胜利的活了下来，并不断地演变。还有很多在挑战中失败了，所以它们被自然界无情地淘汰掉了。生存环境的变化使得很多生物慢慢地改变着自己以适应周围的环境，这种提高它们生存能力的漫长演变过程就是进化。

还记得那个对生物十分感兴趣，并在1831~1836年这5年间一直环游世界、研究各地的动植物，还发表了划时代的巨著《物种起源》的青年吗？对，他就是首先提出进化论的达尔文。他极力反对生物自己选择生存环境的说法，相反，他坚信只有那些可以适应生存环境的动物才可以生存下来。

长着长脖子的长颈鹿可不是一开始就是这个样子的。最初它们的脖子像其他动物一样长短。在大家为了生存争夺食物的时候突然出现了一只因为基因变异而使得脖子很长的长颈鹿，它可以轻易地吃到高处的食物，其

❖ 长颈鹿

他长颈鹿则可望而不可即，最后在生存斗争中这只脖子长的长颈鹿生存了下来，而那些吃不到食物的就被饿死了。

长脖子的长颈鹿繁殖后代并把变异的基因传了下去，直到现在，我们看到的长颈鹿都是长着长脖子、长腿的。

❖ 壁虎

我们现在看到的结构比较简单的动物都是从 35 亿年前的单细胞生物进化而来的。5 亿年前的时候无脊椎动物中的腔肠动物、环节动物和节肢动物等动物便出现了，但是，在自然竞争中它们或多或少地改变了自己的结构特征和身体形态。

鱼类是最早的脊椎动物，因为一开始生物便是在海洋中出现的。后来，两栖动物、爬行动物、鸟类和哺乳动物也相继出现。

原始的爬行动物也不是现在的样子，它们是由两栖动物在 2.8 亿年前慢慢演变来的，但是它们和两栖动物有所差异，因为它们在无水的环境下也可以生存。成为传说的恐龙是那个时候爬行动物的中心，但是，在历经了繁盛过后它们最终还是在 6500 万年前灭绝了。

两栖动物又是从何而来的呢？

许多科学家都推测在 3.6 亿年前出现了两栖动物，因为此前的环境根本不会有生物存在的可能。原本生活在水中的鱼类在得知陆地上也有自己食物的时候，它们便试着走出海洋，于是，大约在 2 亿年前原始的两栖动物诞生了。

❖ 田鼠

1861 年人们发现了始祖鸟的化石，这一证据的出现让科学家们推测出了大约在 1.5 亿年前一些爬行动物慢慢进化成了鸟类。始祖鸟类和现在的鸟类有所不同，它们的嘴里面有牙齿，而且还有小型爪藏在翅膀前面。大约在始祖鸟产生的 1000 万年以后，才有了今天的鸟类。

而身体外有体毛的哺乳动物是由下孔类在 2.6 亿年前演变来的。哺乳动物的兴起是以恐龙的灭绝为代价的，那个时候的哺乳动物和如今的田鼠有几分相像，很小。我们知道，人类的始祖是灵长目动物，而我们的始祖就是在 7500 万年前出现在这个世界上的。

闭上眼睛想一想，未来的动物会变成什么样子呢？或许我们人类也会发生变化。但是，无论如何改变都是为了让我们自己，让动物自己能够适应生存的环境从而生存下去，而那些不能适应环境的自然也会被无情地淘汰掉。

❖ 恐爪龙

❖ 长颈鹿

■ **Part1** 第一章

爱学习的动物朋友

> 人类是需要学习的高级动物，我们有智慧有思想，在我们成长过程中一直在不断地学习和进步。那么我们可爱的动物朋友们呢？它们是否也会在成长过程中不断地学习呢？答案是肯定的。

动物的行为有本能行为和学习性行为两种。所谓的本能行为就是不需要学习，一出生就存在的。刚出生的狗宝宝便知道找妈妈要奶喝，而那些毛茸茸的新生小鸡也懂得自己觅食。这就是本能行为，也是它们生存所必需的行为。

而学习行为则不同，它并不是一出生就存在的，它需要在后天的生活过程中通过观察自己的父母或者是其他已经成年的动物的行为，然后经过反复的练习达到非常娴熟的程度。在动物们的成长过程中，它们很少单独使用本能行为和学习行为，而是将两者有机地巧妙结合共同使用。准确地来说，是在本能行为的基础上进行学习行为。就像人类懂得吃东西，但是我们会随着年龄的增长知道什么可以吃，那些比较好吃一样，那些动物也是要经历这样的学习过程的。

我们饿的时候会想到找东西吃，渴了会找水喝，动物也一样。它们受到某种刺激以后也会产生相应的行为，这叫作信号刺激。但是，如果一种信号刺激总是出

❖ 狗

现在它们周围的时候它们慢慢地就会对这种信号的反应弱化。常年生活在寂静的树林里的小鸟也许比整天在人来人往的城市里的小鸟更会对人产生恐惧。那些在城市里生活的鸟儿对于人的刺激已经不会有什么反应，我们将这种行为称为习惯化行为。

❖ 小鸡

我们人类的很多习惯都是在小的时候养成的，动物和人类相似，它们的很多在刚出生不久产生的学习行为也会成为它们的一种习惯。动物们第一次听到、看到或者感受到的直接印象所产生的行为称为印记行为。这种行为多数都是在刚出生几天甚至几小时内所发生的。奥地利动物学家洛伦兹曾经亲身做过一个实验。在灰雁的雏鸟刚孵化出来的时候他就自己模仿母灰雁的叫声，当这些雏鸟长大后，每当他模仿母灰雁叫声的时候那些小灰雁便像追随妈妈一样跟着他。

爱吃骨头的狗也有学习行为。巴甫洛夫曾经也发现了动物的学习行为。他在喂狗的时候发现狗会流口水，于是他就在喂狗的时候刻意地摇几下铃铛，经过多次以后，狗知道了铃铛一旦被摇响就意味着有东西吃。于是，巴甫洛夫一摇响铃铛狗就会流出口水。通过这个实验可以知道，动物在一定的外在条件所刺激后产生的自发行为称为条件反射。

❖ 狗

不要以为只有人类会模仿其他的事物，动物们也非常聪明，它们的学习行为中也有一种叫作模仿的行为。如果一群猴子被分到了马铃薯，只要其中一只猴子把马铃薯用水洗净，那么其余的猴子也会模仿它洗净自己手中的马铃薯。

还有一种学习行为叫作尝试与矫误。和人类一样，动物们也知道在不断地尝试以后选择其中最恰当的方法完成自己的目标。你想不想要验证这个结论呢？非常简单，只要把一只老鼠放在一个小的迷宫里就可以发现它们的这个行为了。虽然老鼠不会一下子就走出迷宫，它最开始也要用很久才可以走出去，但是，在它反复不断地尝试过后，它逃离迷宫所用的时间会越来越少。这个实验足以证明动物们的学习能力和聪明的程度。

小鸟

我们的动物朋友们还真的是非常热爱学习，非常聪明，我们人类可不要自以为是，也要向我们的动物朋友们好好学习。

知识小链接

学习行为是动物在遗传因素的基础上，在环境因素作用下，通过生活经验和学习获得的行为，称为学习行为。

狗

Part1 第一章

动物也懂作战

人类中存在着各种各样的竞争，同样，在动物中也存在着竞争，有的时候为了获得胜利它们也不得不动用武力，向敌人发出攻击。

一般情况下，它们展开攻击是为了获取食物或者是配偶。因此，攻击行为是动物能够继续生存和生育后代的必不可少的行为，对于那些社会性比较强的动物表现得尤为突出。

攻击行为并不是只有动用武力这一种方式，尤其是那些猎食性动物，它们的攻击行为有很多种。为了提高攻击速率和成功的概率，变色龙、螳螂等动物巧妙运用了伪装战术。它们身体的颜色和周围的环境十分相似，因此很多猎物都不能分辨出来，便会自投罗网。还有让人望而生畏的鹰爪、毒蛇和老虎嘴里锋利的牙齿，它们都可以又快又准地让猎物毙命。

还有一些动物非常聪明，它们懂得利用一切有利条件来帮助自己达到目的。还记得"喷水枪"一样的射水鱼吗？它就是这些聪明的动物之一。在阳光明媚的时候，水边的小昆虫们或许还在自由自在地嬉戏着便突然被"射倒"了。这都是射水鱼的战略，利用被照得闪亮的水面和周围的水向昆虫们发出攻击，然后美美地吃上一餐。

❖ 变色龙

还有一些动物，例如海象，它们非常有责任感和荣

誉感，它们的领地不容侵犯。所以，它们就用自己有力的武器——锋利的角或者牙齿向想要入侵的敌人示威，让它们望而却步。

还有一些动物会充分利用自己独特的身体结构来获取猎物。例如"夜行侠"——猫头鹰，它的羽毛非常细软，因此，即使在安静的夜里振翅飞行也不会发出声音，这就让它们的猎物难以察觉无从逃脱了；短跑速度极快的猎豹的后肢十分强健，流线型的身体又大大地减少了空气阻力，因此凭借速度这个极大的优势来追上自己想要的"食物"自然不是问题；燕子又短又尖的喙更是能让它们在飞行的时候顺便解决自己的饱腹问题。

动物们捕猎需要攻击行为，同时，为了繁育下一代也需要攻击行为。大部分动物都要经历繁殖期，而在这个时期的动物会划分自己的地盘，这并不是为了它们自己，而是为了即将来临的下一代。这个"地盘"的作用可是非常重要，不仅能保护自己的安全，同时这块地盘上的资源也属于自己，这样就可以相对轻松地获取食物，并且有机会繁育更多的子女了。所以在繁殖期时，动物们就会常常动用武力了。有的时候很难靠眼睛来分辨领地范围，这个时候叫声、有特殊气味的分泌物就成为比较方便的标志。不要小瞧这随便的一声叫声，它可是一种警示信号呢。像鸫、狼等动物就是用各种叫声来保卫自己的领地的。而狮子、老虎等很多动物便借助自己的粪便或者一些代表自己的带有气味的物质来警示那些敌人。利用这种方法其实也是它们希望和平、和谐的方式，这样可以把一些不应发生的"战争"扼杀在萌芽里。

知识小链接

动物的战争中也有很人性化的时候，例如非洲猎豹斗争时，如果一方翻身倒在地上并且仰面朝天地轻轻呻吟这意味着已经投降了，而对方也就会停止攻击。

❖ 猫头鹰

动物也知道自我保护

有的时候难免会发生一些不愉快的"打架"事件，如果打不过对方了怎么办呢？跑！跑也是一种自我保护的防御行为。如果奔跑的速度快可以免去很多伤害。

聪明而矫捷的兔子就可以凭借着自己灵活而快速的奔跑让自己逃避捕猎者。羚羊也是靠着快速的跑步逃离追击者。

有些动物比较善良，它们为了避免一些伤害会提前发出预警，这样既可以自我保护又可以不让对方受到伤害。当然，前提是它们要具备一些警戒色，很多有毒或者不太美味的动物的颜色都比较鲜艳。异色瓢虫就是其中一个，它会用很显眼

知识小链接

眼蝶和灰蝶的翅上通常生有一个或者很多个小眼斑，它们这是懂得舍小取大，让敌人不会伤害自己的头部和身体重要的部位。

❖ 藏羚羊

的颜色防御敌人。当然，还有一些比较聪明的善于模仿的动物也靠着这个方法来保护自己。在蛇这个大家庭里有一种蛇的毒性非常大，让很多动物都不敢靠近，而其他种类的有些蛇就把自己乔装成有毒蛇来迷惑敌人。

伪装是攻击行为的一个重要方法，同时它还是一种防御行为。青蛙的草绿色的衣服和比目鱼褐色的皮肤让它们能有效地躲避敌人的袭击。除了颜色，形态也是一种自我保护工

具。竹节虫和叶虫身体的形状就像树叶和树枝一样，这可让寻觅它们的鸟儿们煞费精力啊。它们真应该感谢大自然给予它们这样的形态。

俗话说有舍才有得，很多动物也懂得这个道理。它们在被敌人追击的时候会自切从而伺机逃走。蜥蜴就是其中一种，它会在一定的时候切断自己的尾巴然后逃脱。海参对自己则更残忍，它会抛出自己的一些内脏先供敌人吃，然后逃跑。虽然这对自己有些狠心，但这也是它们自救的一种有效方式。

❖ 异色瓢虫

或许我们还会同情乌龟，它们不得不背着一个沉重的硬壳，其实这个硬壳也是它们自救的工具。当遇到袭击的时候它们就会躲壳里，从而避免受到伤害。穿山甲身上那些鳞片也是这个作用，坚硬的铠甲让它们有效地自我保护。而豪猪和刺猬更是有自己的安全距离，它们身上的刺让很多动物不敢轻易靠近。

还有很多的动物的防御行为都很特别。鸻十分聪明，它懂得装死或者是装受伤，很多动物一般都喜欢活物，所以对于死尸它们是不会喜欢的。这个时候鸻就可以逃避被吃的下场了。多么聪明的动物啊！还有一些蛇会发出死尸一样的臭味，靠着装死来进行自我防御。

❖ 刺猬

第二章
行走在陆地的动物

广阔的陆地上活跃着众多动物的身影，这些动物都有各自的特点，每种特点都有自己存在的价值，因为这会让动物们在生存竞争中保护自己，让自己能够生存下去。下面就让我们来一起看看浩瀚无垠的陆地上到底都生活着哪些人类的朋友吧！

■ **Part2** 第二章

最能"装"的**变色龙**

要说动物中最能"装"的那就是会变色的变色龙了。从它的学名"避役"也可以推测它的逃脱功能比较强。

变色龙属于蜥蜴家族，全世界约有 85 种，大部分都集中在非洲大陆和马达加斯加岛上面。

知识小链接

变色龙有两种分布在亚洲西部，一种在印度南方和斯里兰卡；而另一种生活在近东向西穿过北非达西班牙南部的一些区域。

以蚊蝇、蜘蛛和甲虫为食的变色龙的身体特征比较明显，亮闪闪的鳞片、凸出的眼睛还有锋利的尖爪，非常特别的螺旋状的尾巴都是它的标志性特征。变色龙也有长短之分，长一点的可达半米左右，稍短的也有二三十厘米。如果变色龙伸出舌头来，它的整体长度会超过体长的两倍了。

变色龙善于伪装，这和它的爬行速度较慢有关系，因为没有保护自己的武器它们不得不伪装起来。但是，它们的伪装术还真是厉害，无论是花朵、岩石、树枝还是树叶，这些事物的形态它们都可以模仿得非常相像，而且它们还可以让自己身体的颜色和周围的环境一致，这样就更不会被敌人轻易发现了。为什么变色龙可以这么神奇地变化自己身体的颜色呢？这是因为它们的皮肤表层有很多色素细胞，黑、紫、绿等颜色在不同的湿度、温度

❖ 变色龙

和光线的影响下会发生不同的变化，从而会产生不同的颜色。

❖ 变色龙

变色龙凸出的眼睛也非常特别。它的眼睑上下呈一个圆圈的形状，中间还有小孔供光线进入。最重要的是它的眼睛可以分开行动，分工合作会让它能够更加准确、快速地寻找和捕获猎物，并且能够呈180°旋转，这可是很多动物都不具备的功能。如果变色龙发现了可口的食物，它的眼睛的分工合作就开始了，一只眼睛负责食物，而另一只眼睛则负责目测和食物之间的距离，然后伺机一举拿下它。

❖ 变色龙

毒王——眼镜蛇

在蛇类当中有一类看起来很像知识分子的蛇，那就是戴着眼镜的眼镜蛇。虽然眼镜蛇看起来很斯文，但实际上它可以称得上是毒蛇中的老大了。

眼镜蛇还有几个名字，如果你听到蚂蚁堆蛇、黑乌梢或者是吹风蛇，说的都是它。带有如此剧毒的蛇我们一定要牢牢地记住它们的样子，这样当我们看到的时候就能够准确识别从而提高警惕了。眼镜蛇长度在1~1.5米之间，主要特征都集中在三角形的扁平的头部，上面有两个看起来非常像是眼镜的白色的圆环，"眼镜蛇"的名字就是由此得来的。它的颈部非常粗，特别是在它打算攻击的时候，此时的颈部如同一个兜帽。它一般不会对人类发起攻击，因为鸟、鸟蛋、鱼类、蜥蜴鼠和青蛙等才是它的主食。通常情况下它们都是在白天出来行动的。它们的活动区域也不是很固定，岩石洞隙、森林、灌木丛、稻田等地，除了欧洲、南极洲以外的温暖地区都是它们的活动场所。

眼镜蛇可以说是蛇类当中看起来最斯文的了，或许是因为那副"眼镜"的关系。实际上它却是非常凶狠的。它的毒液足以使人毙命。而且它也比较聪明，当知道食物靠近的

❖ 眼镜蛇

时候它会摇动尾巴而且动作很轻，那些单纯的鸟儿和老鼠等都以为是自己喜欢的小虫子在动呢，所以会傻乎乎地朝眼镜蛇走来，这一来就很难逃脱眼镜蛇的攻击了。

❖ 眼镜蛇

为了自己的安全着想，千万不要轻易地招惹眼镜蛇，因为它被激怒的样子十分吓人。它会把身体的前部分立起来，然后颈部扩张得很粗很扁，吐着舌头并发出"嘶嘶"的声音。最可怕的是有时候它会喷出带有剧毒的毒液来攻击，有的时候它们也会改变毒液喷出的方式造成入侵者失明。纵然站在 2 米以外，也有可能成为它的攻击对象。千万不要小看它的本事，它喷出的毒液又快又准。但是，它不会轻易用这种方式去捕猎。

虽然一般人不敢接近眼镜蛇，但是在印度有一些人会专门驯养它们来表演。被驯养的眼镜蛇的毒牙会被拔掉以防对人类造成伤害。听到笛声翩然起舞的眼镜蛇也实在是漂亮。但是，这不是因为它们懂音乐，而是在准备着反击。

■ **Part2** 第二章

多愁善感的**鳄鱼**

> 被称为活化石的鳄鱼在世界上仅有 22 种，它是鳄目动物的总称。同时，从恐龙时代一直到现在的脊椎动物中要数鳄鱼最为古老，堪称动物界的长辈。

鳄鱼的始祖在 2.65 亿年前开始存在于世界上，和翼龙、恐龙一样，它也属于初龙类。不同的是，恐龙已经成为一个传说，而鳄鱼却一直存在至今。

知识小链接

鳄鱼每次产卵最少 20 个，多至 90 个。鳄鱼蛋都是利用太阳热和杂草受湿发酵所产生的热量进行孵化的。幼鳄的性别由孵化的温度决定，不过母鳄会通过掌握巢所在地的温度高低来平衡所产儿女的比例。

亚热带和热带地区的河流和沼泽两岸通常是鳄鱼的生活地区。有着动听的歌声的鸟儿、爱冬眠的青蛙和水里的鱼儿，甚至是我们这些高级动物——人类都可能是鳄鱼的食物。鳄鱼的尾巴强健有力，是鳄鱼用来自我保护和攻击的有效武器。

鳄鱼的忍耐力非常强，如果它想要捕猎，会几个小时保持一个状态，藏在水下观察周围的动静。鳄鱼的视力很特别，它不仅可以看到三维的事物，还可以准确知道猎物的位置，从而做出是否继续等待的选择。如果目标和自己的距离在可以行动的范围内，它会闪电般急速跳出来狠狠地咬住猎物。

❖ 鳄鱼

鳄鱼的牙齿十分锋利，所以大多数情况下猎物都不能轻易地逃脱。但是，鳄鱼也有麻烦事，它的锥形牙齿让它不能咀嚼食物。它便懂得利用石子来磨碎食物，只不过它要先把又硬又没有味道的石子吃到胃里。

◆ 鳄鱼

在炎热的天气里，鳄鱼常常会张大嘴巴，不要被它们的这个样子吓到，它们这并不是想吃东西或者做些什么让人恐惧的事，而是它们太热了。它们在通过这种方式散热，因为张大嘴巴时嘴里面的黏膜就会让水分蒸发。

也许还有很多人会认为鳄鱼是个多愁善感的动物吧，因为我们可能会看到它们吃食物时留下同情的眼泪。其实不是这样的，它们可没有这么善良。流出来的泪水并不是眼泪而是盐水。鳄鱼体内的盐分不能完全靠肾脏排泄出去。但是，眼睛旁边的特殊腺体可以帮助肾脏完成这项工作，即通过几千根细导管把盐分以"眼泪"的形式排出去。

Part2 第二章

爬行动物中最大的家族——蜥蜴

在爬行动物中有一个最大的家族，那就是蜥蜴。迄今为止世界上约有3000种，蜥蜴属于有鳞目。

春、夏和秋季经常活动而冬季却安静冬眠的蜥蜴身上长满了鳞片，皮肤坚韧。有爪有肺的蜥蜴并不能自己调节身体的温度，也不适宜生活在太冷或者太热的环境下，只有外界温度和自己身体温度一致的时候才适宜它们生活。蜥蜴的生活方式有很多种，它们可以根据自己的习性选择陆栖、半水栖或者是穴居，树栖也是它们的选择之一。它们的食物种类也比较多，无论是蜘蛛还是昆虫或者是蠕虫，甚至是一些植物都可以作为它们的食物。

知识小链接

蜥蜴与蛇有紧密的亲缘关系，它们有很多地方都非常相像，泄殖肛孔都是一横裂，身体表面覆盖着角质鳞片，而且雄性都有一对交接器，两者也都是卵生动物，方骨都能够活动，等等。

小蜥蜴

一般在热带和北美温带生活的小蜥蜴又叫石龙子。而生活小蜥蜴最多的地方要数东南亚及其附近岛屿。小蜥蜴头部像锥子，身体像一个圆筒，它的全长在20厘米左右，而尾部的长度几乎为身体长度的2倍。身体上布满圆鳞，且表面十分光滑。它们

◆ 蜥蜴

一般在草丛中或沙石地区生活，以昆虫及蚯蚓等为食，白天是它们的最佳活动时间。它们似乎很胆小，只要稍微被惊扰了就会立刻躲进石缝或洞穴中。因为尾部可以再生，所以它们会断掉自己的尾巴以获取逃生的机会。

蛇蜥

看上去非常像小蛇的细蛇蜥也叫蛇蜥，它的体长大约为50厘米，背面是褐色，有比较暗的侧带和绿色黑边的横带；腹面一般是褐色或者黄色。它的头部与蜥蜴非常像，在长时间的生活过程中它们的四肢已经渐渐地退化了，但身体里面还有肢带的印记。细蛇蜥的骨板非常坚硬。它们也有自己的逃生方法，就是自行脱落自己的尾巴。它们的活动时间比较特殊，通常都是在雨后的黄昏时分和黎明，以昆虫、蜘蛛和蛞蝓为食物。

❖ 蛇蜥

动物中的雨伞——伞蜥

伞蜥颈部的薄膜撑开以后就像我们下雨时撑起的雨伞，所以我们称之为伞蜥。它们主要在大洋洲的树林中生活，体长约为70厘米，既能在地上生活也可以在树上居住。伞蜥很喜欢在树林里自由自在地活动或者跳跃，在这里它们也可以吃到美味的昆虫。它们也会遇到实力比自己强大的小兽或者蛇一类的对手。但是，它们有自己的武器，就是那把可以随时撑开的"伞"，再加上它

❖ 伞蜥

们听起来像狗或者像蛇的叫声，会让敌人措手不及，伞蜥便趁此机会逃掉。

大型蜥蜴——鬣蜥

体积比较大的鬣蜥通常生活在美洲地区和太平洋周围。鬣蜥似乎比较善良，因为它们从来不吃肉食，是典型的素食动物，这也是蜥蜴中的特例。它们喜欢吃植物的果实、花和叶子，昆虫是不会吸引它们的。鬣蜥也分普通鬣蜥、海鬣蜥、美洲鬣蜥等种类。鬣蜥还有一个特别之处，那就是它们不会放弃自己的尾巴然后逃生，因为尾巴是它们自我保护最有效的工具。它们的尾巴相当于体长的2/3，甩起来就像鞭子，可以有效地攻击敌人。

❖ 鬣蜥

❖ 斑点蓝舌石龙子

Part2 第二章

长寿的龟

到现在为止，地球上现存爬行动物中最古老的一类就是龟、鳖类，它们是从恐龙那个时代走过来的爬行动物。龟是龟鳖目龟科动物的统称。

迄今为止，世界上已知的龟类有几百种，龟又分为海龟、陆龟和淡水龟等几大类。龟的身体特征比较明显。又扁又圆的身体，四肢又粗又壮，背部像背着一个锅盖一样隆起，外面坚硬的龟壳起到保护身体内部器官的作用，头、尾和四肢都有鳞，而且可以自由地缩到壳里面。龟最被世人所知的特点就是它们都很长寿。不要看它们行动缓慢，新陈代谢也不快，这可是它们能活到百年之久，甚至是三百年的重要原因之一。

海洋里的长寿者——海龟

海洋里长寿的动物就属海龟了。海龟是海洋龟类的统称，在 2 亿年前就已经存在了。因为遗留的化石资料不足，所以它们的起源是什么还不知道。科学家们推测它们的祖先可能是阔齿龙——一种生活在沼泽地带的古老的爬行动物。海龟大部分都分布在热带海域，食物就是水中的软体动物、甲壳类动物。海龟的四肢粗壮且又扁又平，就像是鱼鳍，所以它们擅长游泳。海龟中数量最多的是绿海龟，绿海龟广泛分布于太平洋、印度洋和大西洋温水水

❖ 海龟

域。我国北起山东沿海，南至北部湾均有发现。绿海龟的名字来源于它绿色的脂肪。绿海龟一般身体长度在80~100厘米之间，体重70~120千克。身体形态呈流线型，外壳又平又滑，前肢就像是鸟儿的翅膀，前后摆动从而推动自己行进。它们主要吃海藻、甲壳类动物和一些小型鱼类。以前我国沿海的绿海龟有4~5万只，但近年来人们贪婪地猎食和环境污染程度的加重使得绿海龟数量剧减。现在，它已经被列为国家二级保护动物。

陆上的长寿冠军——陆龟

或许很多人都认为龟类就是乌龟，其实不然。乌龟是指龟类中的陆龟。和一般的龟一样，乌龟也有一个龟壳，四肢也粗壮有力。乌龟的防御武器是它那覆盖着角质的龟壳。现在装甲最严密的动物可以说非乌龟莫属。在遇到危险的时候，它们会把头部迅速缩进壳里，然后把四肢蜷缩在壳下。这样一来就很难有动物和武器可以攻击它们了。

在陆龟中有一种龟的腿如象腿一般粗壮，那就是由此而得名的象龟，它是陆生龟类中最大的一种。象龟产于南太平洋及印度洋的热带岛屿上，它们主要吃青草、野果和仙人掌。之所以说象龟是陆地龟类中最大的龟是因为它的壳长达1.5米，爬行时身体的高度甚至可以达到0.8米，重量在200~300千克之间，最重达375千克，力气很大，足以背负着一两个人行走。

❖ 陆龟

身体强壮的熊

在南美洲、欧洲和亚洲我们都可以看到熊科动物，因为它们多数都生活在北半球。在 2500 万年前熊科动物就存在了，它们是由犬科动物分离演化来的。早期的熊科动物生活在亚欧大陆。

如今的熊科动物中多数都在温带和热带生活，当然，也有在北极生活的北极熊。熊的体格实在是强壮，它们不仅头颅很大，身体也非常厚实，四肢也粗壮有力。它们的嗅觉非常灵敏，但是听力和视力却不好。熊既吃动物也吃植物，是一种杂食性动物。不过北极熊很特别，它们只吃鸟类、海豹和鱼类等。而杂食性的熊也吃树叶、果实和种子等。熊在一年当中也会偷个懒，那就是冬眠。而且冬眠的时间还不短，有半年之长。在冬眠的时候它们可以不用进食，心跳减慢，别的生理活动也都会停止。

我们平常说的狗熊、黑瞎子就是分布非常广的黑熊。黑熊的身体一般长 1.5~1.7 米，体重在 150 千克左右。它的毛又黑又亮，在黑色体毛中胸部的一块 "V" 字形白斑显得十分显眼。它们通常都生活在山地森林中，爪十分锐利，能够攀缘树木。之所以称黑熊为 "黑瞎子" 就是因为它们的视力非常不好，100 米之外的东西它们基本看不

❖黑熊

北极熊的视力和听力几乎和人类一样，嗅觉却非常灵敏，可以靠嗅觉分辨很多事物，是犬类的 7 倍；奔跑时速甚至可以达到 60 千米，这相当于世界百米冠军的 1.5 倍。

见，不过灵敏的嗅觉和听觉弥补了这一缺陷。如果顺着风，500 米以外的气味会被它们闻到，300 米之外的脚步声也会传进它们的耳朵。黑熊最喜欢吃甜甜的蜂蜜了，一旦发现蜂巢，它们一样会用尽办法得到并贪婪地掏空。不过，被侵占家园的蜜蜂们有时候会反击，所以黑熊常常被蜇得鼻青脸肿，疼得用力嘶吼起来。

洁白的北极熊也称白熊、冰熊。可能很多人认为北极熊只生活在北极吧，其实不是的。它们一般分布在北冰洋海域及亚洲和美洲大陆相连的海岸上。在北极地区的动物中，它可是最大的食肉猛兽了，成年的雄熊体长最大可以达到 2.7 米，体重达到 750 千克。它一度被称作世界上最大的食肉猛兽，直到发现了北美阿拉斯加最大的棕熊这个称呼才被取代。不要以为北极熊生活的地方资源匮乏它们就会饿肚子，事实并不是这样的。它们在冰原上生活，在漂浮的大块浮冰上活动，那里众多的海象和海豹都是它们的食物。北极熊的天敌极少，能对它们构成威胁的除了鲸鱼就是人类了。所以它们就是北极地区的一霸。特别的生存环境让北极熊的身体特点非常突出。又长又厚的体毛，皮下堆积着很厚的脂肪，熊掌又肥又大而且还长着许多毛，可以牢牢抓住冰面，在雪地上平稳前进。

很多动物都有冬眠的习惯，北极熊也有，不过北极熊的冬眠十分特殊，它不会一下子酣睡过去，而是处于朦胧状态，如果发生了紧急情况它会立即醒来。因此北极熊的冬眠叫作局部冬眠。

北极熊

棕熊是大型的肉食性动物，它的身体长度在 1.5~2 米之间，体重也不轻，轻的在 150 千克左右，重的则可达 250 千克。它又叫马熊、人熊、灰熊等，主要生活在欧亚大陆和北美大陆，我国的棕熊主要分布在东北、西北和西南地区。棕熊的形体很大，力量也巨大。所以，很少碰到对手。就是因为这样的霸主地位，它们会规定自己的领地。如果在森林里看到树干上用嘴啃咬或用爪子抓挠的痕迹，或是树上用身体擦蹭留下毛发、气味等，这都有可能是棕熊在划定

❖ 棕熊

自己的地盘呢。棕熊的口味比较广泛，很多东西都吃。鱼类、野兔、昆虫、野鼠、小型鸟类、小型兽类等，甚至是腐肉它们都吃，有时还攻击鹿、野牛、野猪等大型动物，人类有时候也是它们的目标。不过在食物缺乏时，野菜、嫩草、水果、坚果等它们也吃。虽然棕熊很笨重，但它们很会游泳，还能在急流中捕鱼，而且奔跑速度也非常快，时速可高达 56 千米，能够很轻松地追上猎物。

❖ 黑熊

忠心耿耿的朋友——狗

狗是我们生活中比较常见的动物，可能很多人都不知道，其实狗的祖先是凶狠的狼。狗是食肉目、犬科，在一万年以前就被人类驯化了。

身上布满体毛的狗是人类忠实的朋友。它的腿虽然不是很粗但是很壮，那两颗锋利的牙齿让人看到了还有一点点畏惧呢。

在世界各地都可以看到狗的身影，它的种类也非常多。不过，不同种类的狗也有不同的用途，为盲人带来便利的导盲犬、警察常用的警犬、捕猎用的猎犬，还有牧羊犬、宠物犬，等等。狗是比较灵活的动物，奔跑速度很快，而且耐力也不错，尤其是在没有障碍物的野外更可以肆意地狂奔。它的听觉很好，更为灵敏的是它的嗅觉，很多东西都逃不过它的鼻子。

狗灵敏的嗅觉和听觉弥补了它视觉不好的缺陷。我们常常看到它们把耳朵贴在地面上睡觉，这样即使是数里之外的轻轻的震动声它们也可以听到。这是因为它们的听力极佳，听力范围高达 3.5 万赫兹。它们的嗅觉就更非同小可了，凭借着汗、血、尿、粪等气味它们就可以判断出动物的种类。所以，在雪崩、房屋倒塌以后救援人员常常用它们来帮助寻找被掩埋着的人。它们还能够帮助在森林里迷路的人找到方向。碰

❖ 藏獒

碰它们的鼻子我们会发现它们的鼻子又湿又凉，这是因为它们想要吸收更多的气味分子。

虽然狼是狗的祖先，但是狗在人类的驯化下已经摆脱了野性。而且，狗还是十分忠诚的动物，一旦它们知道自己的主人是谁，就会一直忠心耿耿地跟随他、服从他。除了忠诚，它们还十分勇敢、机警。

狗有很强的领地观，用自己的尿液来圈定自己的领地是它们常用的方法。它们用来表示自己和对方地位的方式也非常特别。如果两条狗等级一样，那么它们会亲密地舔对方的脸。如果被对方嗅裆部和尾部，则说明这条狗的地位比较低。如果它们都高傲地翘起自己的尾巴，则说明它们是实力相当的对手，而且要用武力一决高低。如果惨败了就灰溜溜地夹着尾巴逃之夭夭，而胜利的一方看到另一方失败的表现也不会再继续斗争下去了。

知识小链接

狗的消化道要比食草动物短，狗胃里的盐酸含量在家畜中居首位，而且肠壁厚，吸收能力比较强，因此能够比较适宜地消化肉食。

❖ 斑点狗

长鼻子的大象

世界上最大的陆栖动物是哺乳纲中的象。象最突出的特征就是它那长长的鼻子。很多动物的鼻子都只是保持原状，可是象的鼻子却可以自由地伸缩卷曲，防御敌人和获取食物都离不开这个有力的工具。

世界上的象有亚洲象和非洲象两种，它们属于象科中的两属两种。非洲象在非洲大陆都有分布，而亚洲象随着时间的推移已经由原来的南亚和东南亚逐渐缩小范围。印度、泰国、柬埔寨、越南等国是亚洲象的栖息地。我国美丽的西双版纳有野生亚洲象群。亚洲象的耳朵和体形都比非洲象小很多。

象的体形非常大，身高约2米，轻的也有3吨左右，重的则达到7吨。大象的耳朵像扇子，腿如又粗又圆的柱子，支撑着庞大的身躯，长长的鼻子像一个长长的圆筒，长鼻子之所以能够捡拾东西就是因为鼻尖有手指形状的突起。

大象有一对门齿十分发达，可以一直生长。不过亚洲的雌性象似乎非常含蓄，它们从来不会露出自己的长牙来。象的足也有五趾，不过第一个和最后一个欠发育。大象的毛并不多，远看像是灰色，而实际上却是灰褐色的。

雌性象和雄性象各有特点。雌象在前腿后面长着两个乳头，雌象每次只能生产一头小象，且妊娠期长达600天。雄象的睾丸非常不

❖ 亚洲象

侏儒非洲象生活在非洲的丛林低地，它们在丛林的边缘地区和体形比较大的非洲象进行交配，侏儒非洲象高2.4～2.8米、重4~5吨。它们的象牙是笔直向下生长的，耳朵呈椭圆形。

明显，因为它隐藏在腹腔里面。通常情况下，雄象的体形要比雌象大。

现在，亚洲大陆最大的动物是亚洲象，很多情况下它们都是力量、威严和勤劳、憨厚老实的代表。亚洲象跑步的时候四肢的运动和一般的动物不同，它们并非是呈对角线的两肢一同抬起，而是同一侧的前后肢同时抬起来，我们将此称之为"溜蹄"。

成年的象牙可以达到2米长，两支加起来有70千克重，而且终生生长。象牙的用途十分广泛，无论是攻击还是捕杀猎物都离不开它。臼齿不是同时长出来的，而是分批生长。先长出4枚然后再逐渐生长出剩下的。臼齿在不断磨损的时候也会不断生长，但是齿冠一旦被磨平就不会再长出新的了。但是，这并不会阻碍后边的牙齿顺序生长。所以，大象的牙齿一生都非常牢固。

大象如扇子一样的耳朵可以增强听力，同时也可以更好地散热，有时候两只耳朵扇起来还可以赶走小的飞虫。

董棕、刺竹、白茅草、类芦、棕叶芦、仙茅、葡榕和野芭蕉等植物的嫩叶或嫩枝都是大象爱吃的食物。如果发现食物后，它们不会满足于只吃表面的食物，而是会借助鼻子把植物全部拔起来，然后弄掉上面脏兮兮的泥土再全部吃掉。大象的力气大，动作幅度也大，在山谷当中常常会听到它们折断某些东西的"啪啪"

❖ 亚洲象

声。因为大象的体积大，所以它每天需要吃很多东西来供整个身体正常活动。100千克的新鲜植物它们一天就可以全部吃完，而且还有可能没有吃饱。为了有足够的食物，它们不得不划定自己几十平方公里的地盘。静止在一个地方吃东西大象可是吃不饱的，所以它们常常一边走一边吃着东西。不要看大象体积如此庞大，它们的速度却不慢，时速可以达到24千米，但是每次只能跑500米左右。

大象长长的鼻子还是取水的好工具，大象每次都需要喝60多千克的水才能缓解口渴。如果我们不小心把水弄进气管可能要去医院了，大象却不会发生这样的情况，这要归功于它鼻腔后面、食道上面的软骨。用鼻子吸水时，水进入鼻腔的同时它会收缩咽喉部位的肌肉，这时候食道上方的这块软骨就会盖住气管的口，这样水就沿着鼻腔进入食道而不会流进气管了。整个过程结束后这块软骨又会自然张开，保持正常呼吸。亚洲象偏爱水源之地，这也是我们常常在河边或水塘边看见它们洗澡、嬉戏、用长鼻子吸水冲刷身体的原因了。有时候它们会用泥土涂满身体，它们这并不是在胡闹，而是在用这种方法除掉会叮咬它们的寄生虫。

❖ 亚洲象

❖ 亚洲象

亚洲象的一生有2年的哺乳期，大约在14~15岁时性成熟，完全长成则在18~24岁。亚洲象的寿命比较长，平均可以活到60~70年，但也有人说它们能活100~130年。

大部分的亚洲象是集群活动。只有那些孤独年老的雄象才可能脱离集体，并且十分凶猛。一般孤独的象很少见，至少还是会有三五头组成群，也有几十头组成的大群。毕竟群居在一起才有可能互相帮助，如果能够彼此融洽地生活自然是最好不过的了。很多群居动物的头领都是比较凶猛的雄性，但是大象不同，它们是成年雌象带领整个群体，剩下的则按照年龄大小、体质强弱排列等级。它们很关爱弱势的个体，如果有个体受伤，它们会把它夹在中间，带着它一起前进。除此以外，如果有哪个个体死去，其他象还会集体为它举行

❖ 非洲象

葬礼。推倒或卷翻小树和树枝，然后用这些树枝以及土石掩埋死者，一个大的坟墓就造好了。领导者发挥着决定整个群体的觅食场所、迁徙路线、时间安排、休息地点等日常活动和保卫群体的作用。

就如"国不可一日无君"一样，一旦领导者死去了，它们会立刻选出新的领导者来保证群体的正常活动。

❖ 非洲象

■ **Part2** 第二章

沙漠之舟——骆驼

世界上最耐渴的动物可能就要数骆驼了。多风少雨的沙漠无论是炎热的夏季还是寒冷的冬天都非常难熬。不过，坚韧的骆驼却从来不畏惧这些恶劣的环境，它们依旧可以默默地前行。

在广阔的沙漠中骆驼就是一道亮丽的风景。虽然漫天的风沙会让我们不敢张开嘴，不敢睁开眼睛。但是骆驼却不怕。因为它们鼻孔里面特殊的"阀门"可以阻挡想要侵入的沙子，而且双重的睫毛也减少了风沙对眼睛的伤害。

骆驼之所以被称为沙漠之舟就是因为它们的耐饥渴能力十分强大。它们一次吃饱了，喝足了，即使是十几天滴水不进，什么都不吃也没有关系。科学家曾经做过实验，发现骆驼可以在一个月内不进食，不喝水，还不会对生命造成威胁。这是多么神奇的动物啊！

骆驼为什么有这么神奇的功能呢？这是人们一直以来都想要弄清楚的事情。它们可以长时间不喝水是不是其内部有一个供储水的水囊呢？以前的科学家们为此还曾经进行过实际的解剖，可是，

> **知识小链接**
>
> 骆驼奶的味道比牛奶要咸一些。此外，骆驼奶的蛋白质含量与钙含量都比牛奶高，脂肪含量却低于牛奶。特别的是，骆驼奶富含牛奶中缺少的乳铁传递蛋白和溶解酵素，这两种物质有杀菌的作用，可强化人体的免疫系统。

❖ 骆驼

答案是没有。科学家们最近发现，骆驼之所以能够耐渴要归功于它们的血液。骆驼的血液中含有高浓缩的白蛋白，白蛋白的蓄水能力较强；还有很多蓄水能力强的红细胞，红细胞的含量和体积要比牛、马、羊高得多。这些得天独厚的生理条件让骆驼不仅可以大量地吸水，还能够在血液中贮存起来，然后再非常节省地利用。骆驼可以耐饥饿的原因则在于它背上的那个"肉峰"了。那个驼峰内储存了大量的脂肪，如果食物不足了，它们就利用驼峰及时供给热能。因此饥饿是威胁不了骆驼的。

❖ 骆驼

一直以来骆驼都是沙漠附近居民的宝贝，因为它们能在沙漠中勇往直前地奔走，又能忍饥挨渴。有很多人会大批地把它们养在自己家里，因为它们是生产生活的好帮手。

❖ 骆驼

爱美的动物——斑马

马的大家族中有一种马可是比较爱美的,因为它不会穿着朴素的纯色衣服,而是在衣服上加些条纹,这就是斑马。那么这身花衣服是怎样来的呢?

许多生物学家认为,斑马在胚胎早期的条纹都是一样的,但是在后来的生长过程中因为各部分发育的不同条纹也就慢慢地发生变化了。所以,刚出生的斑马身上的条纹有宽有窄。一般在胚胎发育的第七个星期就可以确定颈部条纹的宽窄,而鼻孔附近的则是在第五个星期确定的。如果想看斑马的生长是否协调,就看臀部的条纹是不是最宽就可以了。因为臀部和别的部位都是按照比例发育的。

在繁殖季节,斑马表现得十分紧张而活跃,雄兽之间会毫不客气地进行激烈的争斗,打斗的方式为互相碰击颈部、用嘴咬、用前蹄来踢等。败者狼狈逃窜,获胜者则与雌兽一起生活一段时间,通过亲昵、嬉戏等行为,然后交配。每只获胜的雄兽每年要交配数只雌兽。雌兽的妊娠期为 11 ～ 13 个月,每隔 3 年生产 1 次,每胎产 1 个崽。幼崽出生后不久,即可站立和走路。哺乳期约为 6 个月,3.5 ～ 4 岁时性成熟,寿命为 20 ～ 30 年。

❖ 斑马

斑马身上的条纹就只是一种装饰吗?除此

以外还有什么用途呢？

首先，它能够很好地分散草原上那些刺刺蝇的注意力，用这样斑斓的条纹迷惑敌人最好不过了。就因为这个功能，常常给羚羊、马等单色动物带来困扰的刺刺蝇很少打扰斑马群。

其次，这些条纹还是斑马识别同类的重要依据。最重要的是斑马能够利用这种特别的保护色保护自己。试想一下，黑白色条纹在阳光或是月光的照射下，由于吸收和反射的光线不同会产生怎样的效果呢？没错，这会让人很难看清斑马的身体轮廓，在远处看，它们和周围的环境浑然一体，让人难以分辨，那些想要捕食它们的猛兽自然难以发现了。"物竞天择，适者生存"是大自然普遍的生存法则。在进化过程曾出现过想要搞特殊化的斑马，它们的条纹一点也不明显，猛兽们很容易发现并将其捕杀，随着时间的推移，最终灭绝也是它们难以逃脱的宿命了。相反，那些条纹非常明显的种类尚能生存到现在，正是有了这种保护色的保护。

❖ 斑马

人类从斑马条纹中得到了启发，把这种原理应用到实际军事当中，在军舰坦克或者士兵身上也涂上类似于斑马条纹的颜色，用这种办法来混淆敌人的视线，以此惑敌。

爱耍心机的动物——狐

我们平时说的狡猾的狐狸就是狐，也被称作赤狐，属于犬科。狐狸的四肢又短又小，身上有很多蓬松的体毛，所以看起来比较大。

全世界的狐共有 13 种，它们大多都生活在亚洲、欧洲和北美洲等地区。它们喜欢在草原、半沙漠、森林里和丘陵地区活动，一般在土穴或者树洞里面栖息。它们的作息不太正常，总是在傍晚到黎明前寻觅食物。狐狸听力和嗅觉都很好，行动起来也很灵活，那些行动速度比较快的老鼠、野兔、小鸟、鱼、蛙、蜥蜴、昆虫和蠕虫等它们都可以捕食，它们偶尔也吃一些野果子来换换口味。在北极十分严寒的地方有一种有厚厚皮毛，体毛夏天是蓝色冬天变为白色的狐，那就是北极狐。它们能适应环境的变化，既吃鱼又吃虾。

狐狸的名声一直以来都不怎么好，它们善于耍一些小伎俩，也常常做些偷鸡摸狗的坏事。其实很多时候我们是误解它了。狐狸主要是靠捕

知识小链接

狐狸有一个非常古怪的行为：一跳进鸡圈后，它会狠心地把小鸡全部咬死，最后却只叼走一只。暴风雨之夜，它常常闯入黑头鸥的栖息地，把数十只鸟全部杀死，但是却一只也不会吃掉，也不会带走。这种行为叫作"杀过"。

❖ 沙狐

食那些对庄稼有害的昆虫、鼠类和野兔来生活的。当然，有的时候它们也会控制不住偷偷溜进鸡舍或鸭棚里偷吃鸡鸭。尽管如此，它们的作用也是不容小觑的，它们堪称捕鼠能手。据统计，一只狐狸一年能够控制鼠害的面积大约在13平方千米，一天最少能捕食

❖ 狐狸

3只老鼠，这对于农民来说真的是帮了不少忙。所以，总的说来它们是功大于过。

　　狐狸的听力非常好和它们的耳朵的生长状态是分不开的。它们的耳朵朝前生长，这样有利于迅速并且有效搜集前面的声音，并能准确感知周围的动静，可以发现一些猎物，对于敌人的袭击也能够及时逃离。狐狸的耳朵还有一个特殊的用途，就是帮助它们散热，这个功能和大象的耳朵有异曲同工之妙。在不同地区生活的狐狸的耳朵大小不一。生活在热带沙漠地区的大耳狐的耳朵要比别的地方的狐狸耳朵大得多，这是因为炎热的环境需要它们快速散发热量并降低体温。而生活在北极严寒地区的北极狐的耳朵则小得多，因为这样可以少散热，从而保持身体的温度，免受严寒之苦。

❖ 狐狸

狐狸一直是狡猾奸诈的代表。它们在捕捉猎物或逃避敌人的时候，经常会使出一些对方难以想象的小伎俩来。有的时候这些小计谋特别有趣。例如捕食的时候，两只狐狸会在路边假装打架，很多喜欢看热闹的小动物就会过

来瞧一瞧，这一来便上当了。附近的老鼠和野兔都会被这小小的计谋给骗了。它们趁着野兔和老鼠不注意的时候猛地冲过来捕获住它们。狡猾的狐狸在建造自己洞穴的时候也会要点小诡计。它们的洞穴一般会有好几个入口，地底下还隐藏着好几条地道，有的通往育儿室，有的通往食物储藏室，看起来简直就是一个复杂的迷宫。狐狸的警惕性非常高，一旦被敌人发现了自己的小宝宝，它们会连夜撤离到别的地方去。

❖ 赤狐

❖ 雪狐

黑眼圈的国宝——熊猫

我们的国宝是什么呢？大熊猫！是的，就是那个只有黑白两种颜色的大熊猫，其实，它应该叫猫熊。

熊猫也称大熊猫、花熊、猫熊等，是中华民族的特产，只分布在陕西秦岭南坡、甘肃南部和四川盆地西北部的高山深谷地区。熊猫爱吃竹叶这是全国人民都知道的。熊猫成为中国的国宝不仅仅因为它是我国的特产，还和它那可爱的样子有关。又圆又肥，看着温顺可爱，体毛的颜色也鲜亮，不管是谁看到了都会心生喜爱之情。大熊猫的珍贵在于它们两三年才能生育一次，而且每次也只能生一两个熊猫宝宝，且存活率又十分低。物以稀为贵，所以，它已经是我国的一级保护动物了。

大熊猫的学名叫"猫熊"，顾名思义，就是"像猫一样的熊"，本质像熊，而外貌却像猫。而我们常常说的"熊猫"其实是有错误的。这个错误又从何而来呢？重庆北碚博物馆在解放以前曾经展出猫熊标本，标本的说明牌上从左向右写着"猫熊"。但是那个时候记者们都习惯从右向左来认读一些报刊的横标题，所以报道中就出现了"熊猫"，后来经媒体们广泛传播，就把这个名字叫惯了，人们也就顺势叫"猫熊"为"熊猫"了。科学家之所以把大熊猫叫猫熊，是由于它们的祖先类似于熊，是属于食肉目动物。

❖ 熊猫"英英"在举重

熊猫与其他的熊类动物相比有一个很大的不同，那就是它非竹子不吃。如果离开了竹子，纵然有山珍海味估计它也生存不下去。而竹笋是它的最爱。据统计，一只成年大熊猫平均每天要吃50千克竹子，这样算下来，一年就要吃掉1.5万至2万千克的竹子。竹子的能量不高，因此大熊猫一天当中的大部分时间都是用来吃东西的，吃饱了就做个美梦，这样才会有体力继续生活下去。

大熊猫的前掌除了5个并生带爪的趾外还有第六趾，那是从腕骨上生长出来的一个十分重要的趾骨，相当于我们的"大拇指"。六个趾相互配合让大熊猫能够牢牢地握住竹子。不要以为大熊猫又肥又圆的就很笨拙，它可是很会爬树。大熊猫喜欢在树上开心地嬉戏玩耍、沐浴温暖的阳光，同时这也是它逃避敌害和求偶婚配的一个重要手段，你看它多聪明啊。

我们的国宝大熊猫是一种早在200万年前就已经存在的古老的动物。那时候它们不仅数量多，分布也非常广泛。和它们同时代的猛犸、剑齿虎、披毛犀等动物早已经灭绝了，只有生命力顽强的它们一直存在至今。200万年前的更新世晚期，气候变得十分寒冷，为了逃离温度极低的环境，大熊猫不得不逃进深山峡谷生活，所以，它们的分布范围也就越来越小了。在大自然环境的变迁和人类活动的影响下，适宜大熊猫生存的区域在逐渐缩小，大熊猫的数量也随之下降。现在，我国野生和饲养的大熊猫也只有1000多只。它不仅仅是国宝，也是世界的宝贝了。

熊猫"英英"玩滑梯

Part2 第二章

兽中的大王——老虎

在猫科动物中有一个最大的食肉类的超级猛兽，那就是老虎。最大的老虎体长达 4 米，重达 350 千克，俨然一个庞然大物。

老虎身上布满了橙黄色或者金黄色的体毛，还有黑色或者深棕色的条纹。额头上还赫然地写着"王"，所以，它一直被称为兽中之王。熊猫是中国的特产，而虎则是亚洲的特产。它生活在高山和茂密的森林里，喜欢单独行动。老虎的四肢强壮有力，爪子又尖又利，还可以自由地收缩。老虎的活动时间一般都是黎明或者黄昏，它会安静地等待猎物的到来。鹿、羚羊和野猪这些比较大的哺乳动物都是它爱吃的。不过，因为自然和人为的原因，虎的数量在剧减，如今也是我们的重点保护对象了。

作为食肉类猛兽中最凶猛的动物之一，虎的捕食对象非常广泛，只要能被它制服都是它的捕食对象。不管对方是野牛、马鹿，还是凶如棕熊、金钱豹等实力较强的动物都可能成为它的捕食对象。老虎主要吃那些食草的偶蹄动物，但是如果对方太庞大了，例如大象和犀牛，老虎也会顾虑几分。当然，这不代表老虎也会放过它们的幼崽。也有个别的老虎在夏季时还会吃嫩草和浆果来开开胃。

老虎体形巨大，四肢有力，在捕猎时自然占有优势。它一巴掌能把活蹦乱跳的梅花鹿打倒在地；一跳能跳上 2 米高的山冈；一跃能跃出 7 米远的距离；还能衔着野猪游过湍急的河流。

❖ 华南虎

老虎的捕猎技巧十分灵活，会针对不同的猎物采取不同的捕食策略。抓鹿和羚羊时，只需用掌猛击，便可将猎物的头颅拍碎；对付较大动物时，则从后面扑到猎物后背上，抓住其头颈向后猛折，将猎物的颈扭断；捕猎野牛时，常常先咬断其一条腿，使其倒地不起，然后再慢慢对付；在对付野猪时，会避开野猪的獠牙，而用利齿直接咬断野猪的颈椎或喉咙；对付象

知识小链接

我国的东北虎、华南虎，孟加拉虎、印支虎都濒临灭绝的危险，在野外的东北虎如今也只有 400 多只，而在我国境内野生东北虎可能也只有 20 只左右。

和犀牛的策略更狡猾：先偷袭它们的幼崽，迅速将其咬死，然后赶快逃走，以躲避成兽的报复，等无奈的成兽离去后，再回来吃掉幼兽。

为什么凶猛的老虎要选择黄昏的时候行动呢？难道是生物钟与其他动物不同？其实这正是老虎的睿智之处。它身上鲜明的条纹在黄昏的时候正好可以在光线和周围的环境下与草丛的背景融为一体，这样就不会被猎物发现。所以，这也是一种天然的保护色，对于老虎的取食十分有利。

老虎常常是单独行动的，它们不会一直在一个巢穴生活。不过每只老虎都有自己规定的势力范围，面积为 65 平方千米至 650 平方千米。老虎的领地观念非常强，尤其是那些雄性的老虎，它们通常都各自占山为王，管理自己的一片土地。而且它们之间不会来往，就连和雌性的接触也只在它们发情的季节。交配以后又变为陌生人，各奔东西。而小老虎都是由伟大的雌老虎自己抚养长大。多么伟大的母亲啊！

❖ 华南虎

狗的"近亲"——狼

之所以称狼为狗的"近亲"，是因为它的样子和狗非常相像，只是狼的吻部比较尖和长。狼是犬科类的动物，而且是犬科中体形最大的动物。

狼的跑步能力很强，尾部的体毛向下垂，又长又蓬松，且多为棕灰色。但是，它们的体毛却可以随着季节的变换和环境的变化而变化。狼分布在北美洲和亚欧大陆，适应能力比较强，所以它们的栖息范围也相对广泛。无论是在山地还是林区，或是草原和沙漠，甚至是寒冷的冰原地区都会看到它们矫健的身影。狼一般情况下都是集体行动的，狼的本性就是凶残的。它们主要吃鹿、野羊、鸟类和家畜等，当然，一些昆虫和植物的果实也可能成为它们的腹中之物。它们有自己的领地范围，通常在10平方公里到100方公里。它们会通过武力角逐出自己的首领，一旦选出了首领便会紧紧地跟随它。所以，它们很注重团队合作。

为了防御强悍的敌人，它们会用一字的纵队队形来防止被敌人残害。而且，这样的队形能够让组织十分协调地捕食。同时，前后相连无疑是互相传达信息的最好方式，这样的布阵让敌人手足无措。

因为注重团队合作，所以狼很少会选择自己独自行动。单独行动是没有好处的，而群体进攻则大

❖ 喜欢成群猎食的狼

不相同。狼群会有自己独特的分工，在捕猎的时候，恰当的分工加上巧妙的配合能够很快地抓到猎物。如果碰到比自己跑得快的猎物，它们会聪明地选择接力的方式来追击，这样猎物不被追上都很难。在整个追击过程中，首领一直是领先者，因为它的体力比较强壮。在猎物疲惫的时候首领会伺机咬住并扑倒它，然后剩余的狼再一同围上来撕咬猎物。

狼往往都在夜间行动，它们在饥饿的时候会发出低沉的嗥叫声，听起来十分恐怖。尤其是在深夜里听到，无疑让人毛骨悚然。有的时候狼的嗥叫是一种通讯信号，这是一种比较快捷的传递方式。同时，嗥叫也是一种呼唤，母狼呼唤自己的小狼，公狼呼唤母狼都会用到它。在繁殖期，嗥叫也是找寻配偶的工具之一。听到嗥叫的狼会选择是否与其交配。而那些刚出生的小狼如果肚子饿了也会发出又尖又细的叫声来告诉妈妈自己肚子饿了。总之，嗥叫在狼的世界中运用得十分广泛，也是它们生存必不可少的一个工具。

与风同行的**勇士**——猎豹

猎豹的奔跑速度非常快，堪称陆上动物中的速度之王，每小时可以达到 115 千米，不仅如此，它的加速度也非常快。

实验表明，一只成年的猎豹在短短的几秒之内就能把速度提到每小时 100 千米之上。猎豹的速度虽然非常快，它却不能一直保持下去。在自己能承受的范围内如果还不能追捕到猎物，它便不会再继续费力气了。

猎豹的头很小，在内眼角处往下延伸出了两条黑色条纹，看起来像是流过眼泪的痕迹。这两条黑条纹可不是为了美观，黑色能够很好地吸收阳光，可以让猎豹的视线范围扩大。猎豹身体细长，体长一般在 1.4~2.2 米之间，身高在 0.75~0.85 米之间。它们跑得快或许和长长的四肢有关。猎豹腹部的颜色要比背部浅很多，一般是白色，而背部则通常为淡黄色。浅金色的猎豹身上均匀地分布着黑色的圆点，背上有一条毛发十分明显，看起来就像是鬃毛。有一种叫作"王猎豹"的猎豹，它们的花纹要比一般的猎豹美丽。它们背上的"鬃毛"十分耀眼，斑点也比普通猎豹大很多。研究发现这是基因突变的结果。猎豹的爪子只可以收回一半的长度，这和其他猫科动物有所不同。

猎豹的雌雄之间也有差别。雄性猎豹要比雌性大一些。上面提到的猎豹的那两条"泪痕"其实还有一个便于区分的作用——豹和猎豹的区别之一。

❖ 猎豹

虽然猎豹比较凶残，但它们是容易驯化和饲养的。世界上最早驯化猎豹的是闪族人。马可·波罗曾经注意到，在猎豹的分布范围以外，很多东方人把猎豹作为一种宠物来饲养，这些都记录在他的《马可·波罗游记》里。

豹似乎有点淘气，它总是到树上去休息或者睡觉，它也喜欢偷偷隐藏然后给猎物来个措手不及。它总是在漆黑的夜里捕食，看见猎物时它会从高高的树上纵身跳下去，瞄准猎物然后径直扑到它们的身上，虽然树高，不过豹的准确率也非常高。这也是为什么豹喜欢在树上的原因。只有到树上去，它喜欢吃的羚羊才不会轻易地发现它。不过，它倒是总能轻易地发现猎物。豹成功捕获猎物以后并不会在地上尽情地享受，它会把猎物带到树上去，然后再进食。豹这样做是为了防止狮子等动物来找它"分一杯羹"。猎豹是很难捕获到羚羊的，不仅因为羚羊的速度要比猎豹快，还因为羚羊的耐力要比猎豹好很多。没有耐力的猎豹常常会跑到半路就放弃了。羚羊也比较聪明，它们会故意利用草丛、山丘、丛林等等跑各种曲线，让猎豹难以发挥它速度十分快的优势。我们称之为自然界的军备竞争。

如果不想被捕食就要比捕食者的速度还要快，或者是利用策略、耐力等逃脱被捕食的命运。这就是自然界的军备竞赛。只有这样，生态系统才可以保持平衡。如果一味这样拼斗下去，或许自然界就只有一种最强大的动物存在了，这是非常可怕的事情。但伟大的自然不会让这种事情发生，它懂得"一物降一物"，因此给各种动物以应对敌人的武器。在非洲广阔的草原上演着大自然所赐予的精彩，大型猫科动物贪婪地追捕着自己爱吃的羚羊等猎物。这样的动感画面充满着无限的生机与活

🍀 猎豹

力，这也是大自然进化的重要一部分，那些老弱病残的动物个体都会被吃掉，而那些健康的、强壮的则凭借着这个优势继续生存下来。从猛兽的追捕中逃掉也是大自然生物链中的一个有机环节。猎豹不能在夜里捕食，但是豹却经常在夜里进

❖ 捕捉猎物的猎豹

行；猎豹喜欢"自给自足"，但是豹会从别的动物那里抢来食物，或者吃动物的腐肉。豹还有一种别的猫科动物所不会的坐姿，即像犬科动物一样的坐姿。豹和猎豹在外表上还有一处不同点，那就是豹身上的斑点是空心的，而猎豹的是实心的。豹也没有猎豹面部的泪痕。

猎豹好像比较懂得生活，因为它们的生活不是杂乱无章的，非常有规律。像很多劳动者一样，日出而作，日落而息。大约在早上五点钟的时候猎豹就早早地出去寻找食物了。猎豹的警惕性比较高，时走时停，然后四处张望，看看是否有供自己享用的食物，同时也为了防止别的动物突然袭击，让自己措手不及。猎豹也午睡，不过，它的午睡睡得一点也不实。因为每隔 6 分钟它就要醒来看看有没有危险降临，猎豹的警惕性由此可见一斑。一般情况下，猎豹一次捕杀一只猎物就够了，它们好像比较容易满足，

❖ 猎豹

不会贪婪地一直捕杀下去。尽管猎豹善于奔跑，但是它们每天大概只走 5 千米，多的时候也只有十几千米左右。时速高达 115 千米的猎豹是迄今为止世界陆地上奔跑速度最快的动物了。所以，称它为速度之王是非常恰当的。如果让我们人类的短跑世界冠军和猎豹来一场比赛，即使

让这个冠军先出发 60 米，最后的冠军也还是猎豹。

到底是什么原因让猎豹的奔跑速度如此之快呢？这和它的身体结构息息相关。四肢细长，身体也比较瘦，还有它那可以弯曲的脊椎骨简直就像是大的弹簧。当猎豹急速狂奔的时候，它的四肢都在用力，身体也来回起伏，因此，奔跑速度才可以如此之快。被猎豹追捕的羚羊会用急转弯来试图减缓猎豹的速度，如果是一般的动物，在高速急转弯的时候会失去平衡而摔倒，可是猎豹不会，因为它那大大的尾巴平衡了整个身体，因此轻易不会摔倒。

❖ 猎豹

这个逐风的勇士在草原上驰骋着，成为草原上一道亮丽的风景，让人对大自然感到赞叹和敬畏。

❖ 猎豹

长着双翅的舞者

　　在自然界还有这样一个群体，它们有很多动物所不具备的翅膀，虽然不一定会飞翔，但是摆动起来就像是多姿的舞者，十分迷人。它们有自己的身体特征，有自己的生活方式。下面我们就走进它们的生活，看看这些带着有形的翅膀的舞者们正以怎样的姿态生活着。

■ **Part3** 第三章

飞不起来的大鸟——鸵鸟

现在世界上最大的鸟是高 2.5 米，重 150 千克，有着翅膀却不会飞翔的鸵鸟。

鸵鸟的主要分布地区是非洲和阿拉伯半岛的草原和沙漠里，"非洲鸵鸟"就是由此而来的。鸵鸟一般为黑色，翅膀和尾羽都较小。很多片角鞘构成了它的嘴，鸵鸟最特别的，也是它身高很高的原因之一就是它的那双长腿。这双有力的腿让鸵鸟的奔跑和跳跃能力都十分突出。鸵鸟也是比较喜欢群居的动物，它们通常吃植物的茎、叶、种子、果实及昆虫、蠕虫、小型鸟类和爬行动物等。

知识小链接

鸵鸟肉的营养价值非常高，比牛肉还要优质。具有低脂肪、低胆固醇、低热量的特点，而且能够预防心血管疾病和癌症。重要的是，鸵鸟没有疫情侵害，如今鸵鸟肉已经成为国际公认的绿色健康食品，受到很多人的喜爱。

鸵鸟一般是 40~50 只共同生活。它们的睡姿比较固定，一般都是将脖子和腿伸直，当然，腿是向后伸的。鸵鸟喜欢群居的原因之一就是会有负责站岗保卫大家安全的成员，这样就会给整个鸵鸟群以逃生的时间和机会，而不会措手不及。繁殖期来临的时候，通常都是一只雄鸵鸟和三五只雌性鸵鸟一起居住，对于那些外敌雄性会时刻提防着。

❖ 鸵鸟

鸵鸟每窝可以产蛋 15~60 枚，它们的窝通常情况下都是很浅的。白天雌鸟负责看守，晚上就换雄鸟接着看守，它们非常珍视自己的后代。大约 40 天以后小鸵鸟就出生了，再过一个月它们就可以像成年的鸵鸟一样奔跑活动了。

❧ 鸵鸟

　　鸵鸟十分温顺，因此人们会驯养它们做一些劳动，无论是耕田、送信、驮东西还是一些其他的工作它们都可以做，还有一些人会把它们当作马来骑呢。在南非的一所监狱的农场还把一只身高约 2.4 米、重约 135 千克的大鸵鸟作为这里的牧羊鸟，几百头羊每天都在鸵鸟的保护和看守之下。在长达 3 年的时间里，一只羊也没有丢过，这是因为鸵鸟发起怒来非常恐怖，一不小心就会被它踢断肋骨。再加上那锋利的爪，人和其他动物轻易不敢靠近它。

　　鸵鸟有翅却不能飞翔，但是，它的奔跑速度却是极快的，一般的敌人是追不上它的。鸵鸟的脚掌仅有两个大小不一的脚趾，但是脚掌下有厚厚的肉垫，非常利于奔

❧ 鸵鸟

跑。即使是在沙漠上鸵鸟的速度也很快，而且耐力十足，可以持续奔跑半小时。它们的短小的羽翼是用来掌握平衡的。鸵鸟的跳跃能力十分好，高达 3 米的障碍物也会被它们一跃而过。

■ Part3 第三章

身着燕尾服的企鹅

在地球的南极生活着一种不会飞的鸟，那就是摇摆着走路的企鹅。世界上的企鹅一共有20多种，大部分都生活在南极大陆和附近的岛屿上面。

虽然种类较少，不过企鹅的数量还是很多的。全球的企鹅数量超过1亿只，而80%以上都在南极分布着。南极的企鹅也是当地海鸟中数量最多的，所以，南极洲堪称"企鹅的王国"。企鹅原本是有翅膀的，后来退化了，就像鳍一样，可以划水却不能飞起来。企鹅的颜色看起来十分干净，背部是黑色或者深蓝色，而胸前是雪白色，俨然一个穿着靓丽燕尾服的绅士。这些"绅士"比较喜欢吃乌贼、虾、鱼类等食物。

经过长期的调查，科学家发现企鹅是鸟类中最忠心、最有耐心且十分负责的。或许这和严寒的环境有关，即使是零下三十几摄氏度它们依旧生活着并在繁育着下一代，这种坚忍不拔的精神值得人类赞赏和学习。南极的冬天是极夜，尽管没有阳光照耀着，企鹅们依旧可以挺过这漫长的黑夜。这样的严寒已经很残酷了，可是时速高达145千米的猛烈的暴风雪随时都可能会"光顾"，所以，"绅士们"不得不时刻做好准备。保护自己的孩子是它们的首要任务。伟大的父爱和母爱的力量让它们即使自我牺牲也毫无怨

◆ 帝企鹅

言。这在动物中也是值得赞颂的。

在零下 88.3℃ 的环境里，企鹅还可以照常生活在冰雪和寒冷的水中。为什么企鹅不怕冷呢？难道它们身体里有一个暖炉吗？不是的。它们之所以不怕冷是因为它们身上布满了又密又厚很像鳞片的羽毛，这对保温防水非常有利。而且羽毛里还藏着一层绒毛，保暖效果很

❖ 帝企鹅梳妆打扮

强。还有一个原因也很重要。胖胖的企鹅的皮下还有一层很厚的脂肪，这层脂肪能给它们提供充足的热量并且抵御严寒。还有那吸收太阳热量能力很好的黑色的背羽也可以让企鹅暖和一些。

企鹅喜欢成千上万只一起生活，它们也乐于互相帮助和合作并懂得感恩和回报。很多没有孩子的企鹅还会帮助别的爸爸妈妈照顾它们的宝宝，等爸爸妈妈回来后再把宝宝交回去。

知识小链接

豹斑海豹会吃掉下水的企鹅。有的时候超过 16 只的阿德利企鹅很有可能被一只豹斑海豹一天就吃掉，但是多数都是生病的或者体质较弱的。海狮、海豹、虎鲸等动物也会对企鹅构成威胁。

❖ 企鹅

■ **Part3** 第三章

鸟类中的**淑女**——丹顶鹤

在自然界中有一种十分优雅的动物，它有一个很飘逸的名字——仙鹤。仙鹤就是我们平时说的丹顶鹤，有 1.2 米长的丹顶鹤堪称"鸟类中的淑女"。

它被白色的羽毛，黑色的双脚和颈部的部分羽毛点缀得十分美丽。丹顶鹤的体型比较大，它的头顶是朱红色的，非常明显。丹顶鹤就像是鸟类中的名媛，这与它典雅的外表有重要的关系。它常常被作为高雅和吉祥的代表。

对于丹顶鹤的认识在很久以前就存在了。在我国的唐宋年间它就常常被人们饲养观赏。

丹顶鹤的分布范围相对较广，俄罗斯东部、日本、朝鲜和我国东部以及长江中下游地区都有分布。它们常常栖息在平原、沼泽、湖泊、草地、海边滩涂、芦苇丛及河岸等地带。鱼、虾、水边昆虫、软体动物以及水生植物的茎、叶、块根、果实等都是它爱吃的食物。

在中国古老的历史上，鹤可是被公认为一等的文禽。看清朝的古装剧时我们会发现，文职一

知识小链接

丹顶鹤每年也进行迁徙，主要是在繁殖地区和过冬的地方之间。不过在日本北海道的丹顶鹤是不用迁徙的。因为当地人会组织喂食它们。丹顶鹤也是成群结队地迁徙，它们还会像大雁一样排成"人"字形。

❖ 丹顶鹤

品官员的官服胸前绣制的图案（补子）就是鹤。

　　丹顶鹤被认为是"湿地之神"。这和它
常常生活在沼泽地或者浅水地带有关。丹顶鹤几乎
不会到高山丘陵中去，所以，它很少会接触松树。
可是，因为丹顶鹤的寿命长达 50~60 年，所以带有松树
和丹顶鹤的图画代表着长寿。

❖ 丹顶鹤

　　东亚地区常将丹顶鹤作为幸福、吉祥、长寿和忠贞的代
表并常常在一些文学和美术的作品中呈现。在殷商时代就有鹤
的雕塑，春秋战国时期还出现了鹤体形状的礼器。在我
国的三大宗教之一的道教中，丹顶鹤还是成仙和长寿的
象征。人们对它的崇拜也缘于我国古代的传说，传说中
鹤常常是那些神仙的坐骑。所以，中国人对于鹤的崇拜不是
短时间内形成的。

　　丹顶鹤的优雅还在于它的身姿，本性就喜欢跳舞的丹顶鹤跳起"鹤舞"
来也十分优美。它可以不断地变化动作，有的时候多达几百个，让人不禁为
之感叹。它们不只是单调地跳舞，还用自己的叫
声伴奏。科学家们发现这不是求偶的
方式，纯粹是为了娱乐。在求
偶的时候雄鹤引吭高歌，雌
鹤配合，然后它们一起"对
唱""跳舞"。这样的画面着
实美丽动人。

❖ 丹顶鹤

最纯洁的鸟类——白鹭

在亚洲、非洲、欧洲和大洋洲分布着世界上仅有的几种白鹭，白鹭通体为白色，是纯洁的代表。白鹭的身体长 52~68 厘米，重量比较轻，只有 330~540 克。

白鹭身体修长，就像是高傲而又典雅的公主，不可亵玩。白鹭也被称作"雪客"或"雪不敌"。纯洁的白鹭常常栖息在平原、丘陵的湖泊、溪流、水田、江河与沼泽地带，喜欢吃鱼、蛙、虾、昆虫等动物，有时候也会吃一些植物，但是不会吃很多。白鹭会捕食河蚌，不过它们的捕食方法比较特别。白鹭看见河蚌的时候会用力地把它往坚硬的石头上甩去，这样的震动任谁也受不了。所以，河蚌自然就乖乖地张开双壳，成为白鹭的美餐了。白鹭不像有些动物那样害怕见到人，它们胆子比较大。天亮以后就是它们劳作的时候了，从栖息的地方到有食物的地方来回飞行。白天是三五只一起活动，晚上就是几十只甚至几千只一起休息了。它们

知识小链接

白鹭的巢的形状通常是浅碟形，结构也很简单，一般是由枯草和一些草叶构成的。白鹭的巢不会特别高，通常都是在矮树上，还有的在矮树下的草丛间筑巢。

❖ 白鹭

比较认自己的"亲戚"，会在"亲戚"附近，共同生活。

　　纯洁的白鹭求偶的方式也很特别。在万物复苏的春天雄鹭也会有新的气象。它们会长出两条同样洁白无瑕的小辫子。除此以外，它们还会伸长自己的脖子，并且发出奇怪的叫声来吸引雌鹭。雄鹭比较懂情趣，它们会用自己刚长出的蓑羽采集漂亮的树枝当作"鲜花"送给自己的另一半来表达自己的爱意。看来动物界的很多雄性都应该向高雅的雄鹭学习了，把自己装扮得帅气并带着礼物去求爱是多么睿智的求爱方式啊。

❖ 白鹭

❖ 白鹭

■ **Part3** 第三章

红红火火的火烈鸟

全世界只有6种火烈鸟，总数达500万只。火烈鸟也叫焰鹳、红鹳、火鹤，是世界闻名的大型涉禽，在非洲、亚洲、欧洲和南北美洲地区都有分布。

火烈鸟的外表比较特殊，看起来既稳重又有点怪怪的。又细又长的脖子支撑着一个小小的头部，站着的时候就像英文字母"S"。火烈鸟红色或者黄色的嘴巴也很特别，中间开始突然向下弯，上嘴小下嘴高，顶端的地方却又是黑色。火烈鸟的眼睛不是黑色，而是黄色的，别看它的眼睛小小的，可是非常有神呢。长足的脚趾间有蹼。火烈鸟的身高也不矮，最高可以达到190厘米，在人类中也算是很高的个子了。它的体长有130~142厘米。羽毛多为红色至深红色，但是飞羽很特别，是黑色的。

火烈鸟的名字就由它那全身朱红色或非常鲜艳的火红色的羽毛而来的。

知识小链接

火烈鸟只有在食物短缺和环境突变的时候才会选择迁徙。而且通常都在晚上进行，白天时飞得非常高，这样就不会遭遇那些猛禽类的袭击了。火烈鸟迁徙速度比较快，每晚可以以50~60千米的时速飞行600千米，耐力很足。

❖ 火烈鸟

火烈鸟的羽毛不是一出生就这么鲜艳的，刚出生的时候还是灰暗的灰白色，在成长过程中逐渐变成鲜艳的红色。火烈鸟羽毛变红是受一种东西刺激，就是一种颜色较暗的绿色的小水藻。火烈鸟就是因为吃了它们羽毛才变红的。这种绿色的小水藻在消化以后产生了一种可以让羽毛变红的特殊物质。

❖ 火烈鸟

火烈鸟特别的外表让它成为十分有名的观赏鸟，它的羽毛也常常被制成一些深受人们喜爱的精致的工艺品。火烈鸟一生只有二三十年的寿命，但这在鸟类中也算是长寿了。随着生态环境逐渐被破坏，火烈鸟的数量也在迅速下降。如今已经很难再看到百万只的火烈鸟组成一个"火海"的景象了。

东非的火烈鸟最集中，大约有400万只生活在那里，在东非大裂谷的湖泊中常常会看到它们的影子。在肯尼亚首都内罗毕附近纳库鲁国家公园里的纳库鲁湖生活着上万只的火烈鸟，成为游人们留恋的独特风景，那里被称为"火烈鸟之乡"。

❖ 成年粉红色火烈鸟在照看一只刚出生的火烈鸟

■ **Part3** 第三章

东方的珍宝——朱鹮

朱鹮是世界上稀有的鸟类，曾经是东亚地区的特产鸟类。它还有一个名字，叫作朱鹭，有"东方之珠"的美称。

朱鹮的身体约长80厘米，长长的喙，头上顶着凤冠，两颊呈赤色，体表红白相间，颈部还长着像叶子形状的羽毛。栖息的时候朱鹮通常都在比较高的乔木上，只有找食物的时候才会飞到水田、沼泽地区和山区溪流等地方，主要吃蝗虫、青蛙、小鱼、田螺及其他软体动物。

从远处看朱鹮是洁白无瑕的，但是在近处就会发现它的翅膀下端和尾巴是桃花般的粉红色的，所以，它还有很多优雅的名字，如红鹤、桃花鸟、美人鸟等。

几百年前在我国以及邻近的国家和地区都有朱鹮分布，后来随着环境不断被人类污染，19世纪以后朱鹮便濒临灭绝。如今在朝鲜和俄罗斯早已经看不到朱鹮了，日本也仅剩几只在

知识小链接

朱鹮一般是在孵卵育雏的同时扩大加固窝巢。一般在5月份产卵，且每次只产三四枚，雄、雌朱鹮会共同承担孵卵的责任，实行轮流制。大约一个月以后，雏鸟就会破壳而出，这个时候也是由父母轮班照看，一起喂养。

❖ 朱鹮

笼子里饲养的失去繁殖能力的朱鹮了。在20多年前，我国的朱鹮也销声匿迹了。

1978年，一份关于朱鹮已经濒临灭绝的报告引起了亚洲国家的深度关注。报告中称，日本仅有的一只野生朱鹮已经死亡，动物园中的又没有了繁殖能力。中国的朱鹮自1964年就已经消失得无影无踪了。经过中国科学院考察队历经陕西、甘肃等曾经有朱鹮分布的16个省，行程多于5万公里的大范围考察后，终于在1981年5月于陕西省汉中市洋县发现7只野生朱鹮。这个发现宣告在中国重新发现朱鹮野生种群，而这也是世界上唯一存在的朱鹮野生种群。

朱鹮

朱鹮

在知道了朱鹮的危险境地以后，各国都对朱鹮的保护工作进行了大量的研究，成果也是比较明显和让人欣慰的。在饲养和繁殖方面取得了较大的成果，1989年，世界首次人工孵化朱鹮成功了。这对于朱鹮的种族延续有重要的作用。从1992年以后雏鸟也可以成功生存下来。就这样，一点点的进步慢慢地拯救了这个即将灭绝的珍宝。

现在，世界上已经有2000多只朱鹮了。朱鹮不是单独的候鸟或者留鸟，而是两者都有。在我国的黑龙江下游和朝鲜、俄罗斯地区的朱鹮在寒冷的冬天来临时就会南飞。而我国秦岭那里的朱鹮则是从不迁徙的留鸟。

Part3 第二章

遵守纪律的鸟——大雁

大雁是典型的迁徙动物。每当寒冷的冬季来临的时候，它们便会成群结队地从温度很低的北方集体飞到我国的南方地区去避寒。第二年春天，气候变暖的时候它们又会成群结队地飞回西伯利亚去繁衍后代。

在迁徙的过程中它们总是成群结队一起行进，而且会有一只非常有经验的老者在前方带路。它们还有自己的队形，一会儿排成"一"字形，一会儿排成"人"字形，简直比人类还遵守纪律。它们之所以会排成这样的队形是因为这种飞行方式最为省力。有的时候就需要前面的大雁费些力气了。它们如果拍几下翅膀就会给后面的大雁以上升的气流，这样飞起来就会十分省力。而且这样也能防御敌人的袭击。因此，为了大家和自己的安全，遵守纪律严格排好队列是十分明智的。

知识小链接

大雁的飞行路线通常都是直线型的，这样才会更加省力。我国比较常见的有鸿雁、灰雁、豆雁、白额雁等种类。如果细数雁队会发现，组成一队的只数通常是6只，或是6只的倍数。

大雁在迁徙过程中互相帮助，很少会看见大雁单飞。晚上休息的时候还会有专门负责站岗的老雁，一旦有什么情况它

❖ 大雁

就会用叫声发出信号让大家及时逃离。它的重要性由此可见。它们还有"晨会"，每天早上老雁都会召集整个雁群开一个会议，然后再继续赶路。大雁的纪律性真是值得人类好好学习。

大雁

大雁也叫野鹅，属于鸭科，世界上只有9种雁。大雁的嘴和头几乎一样长，嘴角较大，体形也非常大，颈部又粗又短，体表多为灰色、白色或者褐色，翅膀又长又尖。它们的栖息地多在湖泊和沼泽等地。大雁比较全能，可以在水中自在地漂游，还能在空中自由地飞翔，鱼虾、蛙类和一些小昆虫都是它们的所爱。

大雁的飞行速度比较快，时速可以高达90千米。所以，大雁们每次迁徙都只要一两个月的时间就可以完成。

Part3 第三章

可以千里传书的鸽子

鸽类中比较常见的是家鸽，野生原鸽是它的祖先。鸽子很"恋家"，换句话说，它们对于自己的巢非常有归属感。

在几百万年以前野鸽就开始在海岸险岩和岩洞峭壁间建造自己的巢并繁衍后代了。后来，人们发现并认识了它们，并且开始在家中饲养。野生鸽子被驯养为家鸽的历史要追溯到5000年以前的埃及和希腊。最早懂得利用鸽子传递书信的是3000年前的埃及人。由此，鸽子就成了人类忠诚的信使。我国在很久以前也饲养鸽子，隋唐时候，我国南方人就开始利用鸽子来传递书信了。

鸽是鸽形目鸠鸽科数百种鸟类的统称，有家鸽和野鸽之分。鸠鸽科中体形较小的称为鸠，体形较大的称为鸽。

> **知识小链接**
>
> 鸽子有一个习惯，就是很喜欢吃石子。鸽子没有可以咀嚼食物的牙齿，而是把食物直接吞入食道然后贮存在肌胃里。它们的肌胃非常坚韧，胃壁肌肉也十分发达，内壁还有一层角质膜，石子储存在胃腔当中。它们为了消化食物，不得不不断地吞食石子。

全世界的鸽大约有250种，除了极地的严寒地区，它们广泛分布于全球各地，其中又以东南亚、澳大利亚以及太平洋西部群岛等热带地区为最多。

最先开始驯养白鸽和其他野生鸽的是美索不达米亚的苏美尔人，而成群结队多种颜色的鸽子也常常从很多城镇出现。自古以来鸽子被认为是天神的

❖ 鸽子

宠物，所以一直受到人类的尊重和崇拜，在人们的心中它就像天神一样神圣不可侵犯，因此，常可以看到成群结队、多种颜色的鸽子在城镇出现。同时，鸽子的角色也一直在变化和丰富着，它从神的代表到祭祀用品、传递信息的信使和宠物等，后来它也在餐桌上出现，而且还一度被认为是战争英雄。

❖ 鸽子

鸽子的视力非常好，人类的视线范围以外的鹰它可以看到，不仅如此，就连这只鹰是吃腐肉还是吃活物它都能分辨得一清二楚。如果一只鸽子的爱人混在了千万只鸽子组成的鸽群里，它可以在短短的几秒内发现自己的爱人。这样的眼力还真是难见。和确认伴侣一样，即使长期离巢它们也能辨认出自己的巢。鸽子之所以成为人类的信使，正是和它特别的眼部结构有关。在它的双眼间有一个对地磁很敏感的凸起，这让鸽子能够辨别方向，所以迷路对于它们来说是很少发生的。

Part3 第三章

春的使者——杜鹃

还记得那个春天的使者吗？每当春天来临就会有一种鸟催促农民们快些播撒种子，它就是有着"布谷、布谷"叫声的布谷鸟。布谷鸟的学名是杜鹃。

全世界有 60 多种杜鹃。杜鹃的体长并不均匀，短一些的有 16 厘米，而长的可以达到 90 厘米。杜鹃多数为褐色、灰褐色或者翠绿色。在温带和热带地区分布着，它们一般都在草木比较密集的地方栖息。这是因为它们比较胆小，喜欢藏起来。杜鹃不仅是春的使者，也是人们很喜欢的益鸟。因为它们会消灭树木上那些松毛虫等害虫。

知识小链接

杜鹃习惯悲啼，这样的鸣叫被文人墨客充分地利用在自己的作品当中。唐朝以后，杜鹃鸟就被汉族人称为"冤禽""悲鸟""怨鸟"。它象征着可怜、哀婉、纯洁、至诚、悲愁等。

杜鹃有一个十分古怪的习性，它们似乎生性比较孤僻。很多鸟类在繁殖期的时候都是雌雄一起生活，共同繁衍后代，可是杜鹃的雌雄交配以后就各奔东西了。而且，懒惰的杜鹃有点不太负责，它们不会自己动手去建筑自己的爱巢，也不会自己去孵化宝宝，而是四处借宿，还很放心地把自己的卵放到别的鸟的巢里面，让自己的宝宝过着寄生的生活。这样的父母还真是少见！但是，这"借巢寄生"的生活并不好过，它们必须在产卵之前先去探探别的巢。如果发现有的巢主不在，

❖ 杜鹃

那么它们就有地方产蛋了。可是，有的时候巢主在家，杜鹃也不会放弃，它们会学着老鹰振翅飞翔，胆子小的巢主就会被吓走，然后杜鹃再得意地在这里产蛋。黄莺和画眉这些鸟类的巢就常常成为杜鹃的产蛋地，它们为了避免被发现会找那些蛋的大小、形状等都和自己的蛋很像的鸟类的巢，以达到以假乱真的目的。杜鹃每年可以产 10~15 个卵，但它们不会把这些卵放在一个巢里，而是选择寄放在不同的巢里面，这样才不会被发觉。每次产蛋都需要这么多巢，岂不是累坏了杜鹃？放心，不会的，因为它们每隔几天才会产一次蛋，不像那些每天产一次蛋的鸟那么劳累。

❖ 杜鹃鸟

杜鹃把自己的蛋放到别的巢里可能还有一个原因，那就是杜鹃的蛋会先孵化出来，而且刚出生的小杜鹃很会"夺宠"。它可以利用自己背部的一个凸起把别的鸟蛋抛到巢外以此来获得父母的"独爱"。只是那可怜的黄莺、画眉等巢主还被蒙在鼓里，它们不知道自己的宝宝们已经遭到这些小杜鹃的残害了。看来，杜鹃的小聪明可是从小就已经具备了呢。

❖ 杜鹃

别看杜鹃的体形不大，它们的食量却不小，它们每天要吃大量的昆虫才可以吃得饱。

杜鹃，这个既让人爱又让很多鸟类恨的鸟儿真的是自然界的一个传奇。

Part3 第三章

空中的猛禽——鹰

在空中振翅翱翔的鹰是一种十分凶猛的肉食性猛禽，鹰有鹰、鸶、鹞、鸢、鹈、雕、隼等种类，是隼形目鹰科属鸟类的统称。

鹰科成员最多，体形差别也最大，其中既有体形十分小的小雀鹰，也有翼展超过 2.5 米的热带大雕。世界上有 280 种左右的鹰。众所周知，鹰的利嘴是让很多猎物丧命的武器；那对矫健的翅膀，让可以在空中振翅翱翔的鹰成为一道亮丽的风景。鹰的爪子锋利又坚韧，听觉和视觉也相当好，这也是为什么即使它们在高空中飞行也可以发现小猎物的重要原因。

❖ 猎隼

鹰以狡猾奸诈和凶残著称。通常情况下只用猎枪是不能把它们打下来的，所以，猎人就想出了一种别的办法。用一种鸟作为诱饵来活捉它们，然后开始人工驯养，一直到它们可以又快又准地捉到兔子，猎人的目的就达到了。

相对于强壮的雕来说，鹰是一种中小型猛禽。鹰和雕除了在体形上有所不同外，还有别的不同之处。雕的脚和爪子都十分粗大，而鹰的则又细又长；雕的嘴又长又厚，而鹰的却又短又尖。以外还有一些别的差异。

知识小链接

金 雕（Aguilachrysaetos）

俗称洁白雕，生性凶猛，喜欢吃野兔、雉、鹑甚至是大型哺乳动物的幼麝等。它们通常把巢建在高山悬崖上或峭壁的树上，迁徙的时候在我国东北方常可以看到它们。它们的飞羽和尾羽能够用来制扇，有很高的经济价值。

捕猎能手——猎隼

猎隼的体形属于中等，长度一般为46~58厘米，重量在0.7~1.2千克之间。那些低山丘陵和山脚平原地区是它们的栖息地，通常情况下它们都在无林或少树的旷野和石头较多的山丘地带活动，中小型的鸟类、野兔、鼠类等动物是它们的食物。如果它们发现了

❖ 捕捉到猎物的猎隼

猎物会立刻飞到制高点，然后以75~100米的秒速径直朝猎物俯冲而去，即刻捕获猎物。它们俯冲的时候还有一个特定的角度，会和地面成25°，这样才更有利于抓捕猎物。

长着洁白无瑕的尾巴的白尾海雕

白尾海雕，顾名思义就是尾巴是白色的雕。白尾海雕的身体呈暗褐色，但是尾巴却洁白无瑕。而且尾羽的形状也和后颈、胸部的针形羽毛形状不同，是楔形。它们的栖息地主要以湖泊、河流、海岸、岛屿及河口地带为主，它们的巢一

❖ 白尾海雕

般都建在湖边、河岸或附近的大树上。它们喜欢吃鱼类，如果发现它们在低空的水面上飞行，那很有可能就是在伺机抓鱼呢。野鸭、鼠类、野兔、狍子

等它们也吃，动物的尸体它们也可以吃。寒冷的冬天食物很难找到，所以，它们会瞄上家禽和家畜。

猎人的好帮手——苍鹰

❖ 苍鹰

苍鹰其实就是老鹰，也叫黄鹰，也是一种中型猛禽，主要在北美及欧亚大陆生活。苍鹰的飞翔速度非常快，是抓兔和捕鼠能手。寂静的山林是它们最爱的栖息地。有时候抬头仰望天空会看到天空中有一个呈"V"字形的东西，那就是振动着双翅的苍鹰了。它们会在高空中俯视地面观察是否有猎物，如果发现了就会急速下降迅速捕获猎物。它们锋利的爪子会直接刺进猎物的头部令其迅速结束生命。因此有很多猎人会训练它们的幼鸟帮助捕猎。

❖ 苍鹰

Part3 第三章

会说人类语言的动物——鹦鹉

动物中可以像人类一样说话的是什么呢？没错，就是深受大家喜爱的飞禽——鹦鹉。

鹦鹉多数都在树上生活。它们的足分为向前和向后的趾，能够牢牢地抓住东西。鹦鹉的嘴就像一个弯弯的钩子，下颌可以上下左右自由地移动，这样的特殊结构十分利于啄食那些很坚硬的果实和种子。

现在，全世界的鹦鹉有 430 多种，它们主要分布在气候温暖的热带和亚热带地区的森林中。鹦鹉的体长也不均匀，短的有 8 厘米，长的有 1 米，两极分化还真是严重。我们看到的鹦鹉通常都是鲜绿色的，不过也有褐色的。一般在树洞或者石缝中会看到它们群居的身影。

鹦鹉不仅聪明而且学习能力也很强，从它们可以模仿人类说话就知道了，估计这是唯——种会学人类讲话的动物呢。所以很多马戏团、公园和动物园中常常会着重培养和训练它们，让它们带给观众生动有趣的表演。鹦鹉学习人类说话可不是只学我们中国的普通

知识小链接

不同品种的鹦鹉寿命也不同，一般小型的鹦鹉寿命在 7～20 年，而中大型鹦鹉平均寿命则是 30～60 年，还有一些中型鹦鹉可以活到 80 岁左右，如葵花凤头鹦鹉、亚马孙鹦鹉、灰鹦鹉等。

鹦鹉

话，它还能模仿多个国家的语言，还会唱出动听的歌曲来。鹦鹉的语言功能之所以这么强是因为它的舌头和鸣管。鸣管是它发声的器官，它有四五对鸣肌，并可以张弛自如。它的舌头前面是月亮的形状，十分柔软灵活，几乎和我们人类的舌头没有什么差别。所以，模仿人类的语言也十分准确，惟妙惟肖。

鹦鹉

鹦鹉的音调低沉，和人类十分相似。它的足部和人类的手十分相像，十分灵活。这对足可是帮了它不少忙呢，无论是攀高还是美美地修理自己的羽毛，或是传递食物……都少不了足的帮忙。虽然这对足很灵活，可是走起路来却非常不稳。它们在地上取东西的时候东倒西歪的，就像是刚刚学走路的小孩子。这个时候它通常会用翅膀拍打地面来掌握平衡，从而让自己前行。

Part3 第三章

空中的精灵——蜂鸟

世界上最小的鸟就是属于雨燕目的蜂鸟，最大的也只有燕子一般大小，小的比黄蜂还小。

世界上有 320 多种蜂鸟，但是大多数都在中南美洲的热带雨林里生活着。蜂鸟就像是大自然精心雕琢出来的作品，小而精致，羽毛鲜艳美丽。

它的美无可比拟，无可复制。它的颈部长着耀眼的七彩麟羽，头部还点缀着带有金属光泽的细细的发羽。这样的精致与美丽堪称鸟类中美丽的化身和代表。

蜂鸟体形非常小，但小有小的好处，它可以在空中悬着，但同时要快速地振动翅膀。

为什么称它为蜂鸟呢？这是因为它悬在空中的时候会发出蜜蜂一样的"嗡嗡"的声音，还很喜欢吃甜甜的花蜜，连花上的小昆虫它也很喜欢吃呢。所以，我们就叫它蜂鸟了。

我们看到的化石都是体形相对较大的动物的化石，至于如此之小的蜂鸟的化石，我们迄今为止还没有发现。因为很难保存，所以对于它的演变至今也没有一个准确而科学的说法。不过，自从南美洲发现了 100 万年前的蜂鸟的化石以后，科学家们就推测蜂

知识小链接

蜂鸟的新陈代谢在自然界的所有动物中是最快的，这是因为它们需要适应翅膀的快速拍打。我们人类的心跳大约每分钟 70 下，可是小小的蜂鸟的心跳能达到每分钟 500 下！

❖ 蜂鸟

鸟来源于更新世。德国南部的科学家又发现了迄今为止世界上最为古老的距今已有3000多万年的蜂鸟化石，由此推出蜂鸟的祖先在渐新世的时候就已经存在了。

❖ 蜂鸟

不要看蜂鸟小小的，它们的身体可是强壮得很，而且十分有耐力。每年它们都必须要飞过宽达800千米的墨西哥湾。它飞行的时候就像是空中的精灵，可以变化出多种姿态，说它是"空中杂技员"一点也不为过。而且它还是世界上唯一一种能够倒着向后飞的鸟。看来它还有不错的"倒车技术"。

蜂鸟十分勤劳，它很少在树上歇歇脚，总是在抓紧时间采食花蜜。正是因为它很少歇着，所以需要足够的花蜜补充体力。蜂鸟的肌肉很强壮，这对于它的飞行有很大的作用。但是为什么它能够保持身体的平衡我们还不知道。这小小的蜂鸟给自然界和人类带来了很多的乐趣和生机。

Part3 第三章

白天"失明"的动物——猫头鹰

猫头鹰号称"无声的杀手",它是一种在夜里活动白天却几乎什么都看不到的夜行性猛禽,在世界的各个地方都会看到它的身影,全世界约有180种。

猫头鹰在光线充足的白天却什么都看不到,就像失明了一样,所以,它不得不悄悄地躲在繁密的树枝上养精蓄锐。不过,晚上可是它的天下了。每到晚上它的视力就极好,地上悄悄地爬着的老鼠它一眼就可以看到。所以,老鼠自然难逃它的捕捉了。除了老鼠猫头鹰也吃蚊子等小昆虫。猫头鹰在夜里飞行几乎不会发出什么声音,这是因为它长着一个特别的"消声器",就是它翅膀上那层羽毛。它全身的羽毛都很蓬松且十分柔软。而翅膀上的羽毛可以让振翅的声音被过滤掉。所以,有些猎物在毫无准备的情况下就被这个无声的杀手夺去了性命。

知识小链接

猫头鹰虽然夜晚视力极好,却是个色盲,这在鸟类中还是唯一的。因为它们的视网膜中没有锥状的细胞,所以对于色彩是无法辨认的。

在没有光线的黑漆漆的夜里,很多动物都像盲人一样什么都看不到,但猫头鹰就不同了。此时它的瞳孔比人眼的能见度要高出3倍多。而且由于它那由圆柱细胞构成的视网膜,使得它在漆黑的夜里的感光度比人类的眼睛的感光度高达100倍之多。除此之外它的颈部还十

◆ 猫头鹰

❖ 猫头鹰

分灵活，可以把头部左右旋转270°观察周围的动静。

　　猫头鹰的听力好是因为它那不对称的头骨结构，因为耳朵不在同一水平线上，所以靠近发声体的那只耳朵可以接收到更加大的音量，这样非常有利于猫头鹰找准发声体的位置。猫头鹰十分善于捕杀野老鼠，这是因为野老鼠的音波频率在每秒8500次以内，也就是在猫头鹰的听力范围内，所以，野鼠的一点动静都躲不过猫头鹰的"法耳"。

　　猫头鹰不仅夜间视力极好，而且听力也非常好。

❖ 猫头鹰

Part3 第三章

爱的化身——鸳鸯

自古被视为爱的化身的鸳鸯主要分布于俄罗斯东部、缅甸、日本、朝鲜、印度和我国大部分地区，它们常常在针叶和阔叶混交林及附近的溪流、沼泽、芦苇塘还有湖泊这些地方栖息。

鸳鸯既吃植物也吃动物，不过以植物为主，昆虫和鱼虾等小动物吃得相对较少。鸳鸯非常机敏谨慎，喜欢隐藏，隐藏的本领也很高，也善于飞行。

鸳鸯也叫作匹鸟和官鸭，属于野鸭科，是一种典型的水鸟。鸳鸯属于中型的鸟类，身体长度在38~45厘米之间，体重430~590克。"鸳鸯"其实并不是一个单一的名字，鸳指雄鸟，而鸯指雌鸟。所以，名字里都包含着两性的鸟类作为爱情的象征也当之无愧。

鸳鸯是候鸟，例如在我国的鸳鸯，9月底10月初南下去过冬，而次年3月底到4月初的时候它们会回到内蒙古和东北这些地方去繁衍后

知识小链接

鸳鸯在一些古诗词中有很多的释义，例如比喻志同道合的兄弟，比喻成双配对的事物，比喻艳妓，也指形制像鸳鸯的香炉，还用来比喻贤者。

❖ 鸳鸯

代。在云南和贵州一些省份，还有少数的鸳鸯不用迁徙，它们一直都在那里生活。鸳鸯的孵化期不长，一般情况下是一个月左右。小鸳鸯的生长速度很快，到了温度降低的深秋就可以和爸爸妈妈一起自由地飞行了。

❖ 鸳鸯

　　鸳鸯在水鸟中堪称最美，它们身体的色彩绚烂夺目，恐怕世界上再也找不到可以与其媲美的水鸟了，称之为"世界上最美丽的水禽"一点也不为过。它们的羽毛十分艳丽，而且搭配得十分得体、漂亮。额和头顶的中央点缀着亮绿色，头后面的羽冠呈棕红色、绿色、白色，三色相得益彰，十分耀眼。白色的眉纹，紫褐色的上胸和胸侧，洁白的腹部，再加上肩部白色黑边的典雅的羽毛，和其他部位的颜色搭配得十分协调。雄鸟要比雌鸟大一些，且雌

❖ 鸳鸯

鸟没有羽冠和扇子形状的直立羽，头部是灰色，背部羽毛也都是灰褐色，看上去十分干净。

❖ 鸳鸯

我们常常会看到鸳鸯成双成对地活动，无论是休息还是觅食，它们都会和自己的另一半形影不离。也正是因为这样，它们也成了爱情的象征，是爱的化身。关于鸳鸯还有一个传说呢，它们中的一只死去以后，另一只会一直为之"守节"，还有的因为思念成疾最后抑郁而死。不过，事实可不是这样的。科学家们发现，它们只有在繁殖期的时候才会如影随形地跟着另一半，而且作为父亲和丈夫的雄鸟在雌鸟产卵过后不闻不问，所有的抚养重担都落在雌鸟的身上。不存在"守节"这种说法，它们夫妻也不像人们说的那样恩恩爱爱。

❖ 鸳鸯

Part3 第三章

飞不高的鸟——鸡

走进僻静的乡村会看到很多农家小院里都饲养着鸡。其实这些鸡是由它们的祖先野生原鸡从 4000 年前开始经过人工驯养而成的。

鸡 虽然也长着翅膀，却不能像鸟儿一样高高地飞起，最高的时候也只能够飞到很矮的树木上。

家鸡

最原始的鸡是可以像鸟儿一样飞起来的，但是，经过人工的驯养以后，它们不用四处去找食物吃，所以它们的翅膀开始逐渐地退化，后来就慢慢地失去了飞翔的能力，再也飞不高了。家鸡会时常吃下小石子，以帮助它们消化食物。

美丽的原鸡

原鸡也叫茶花鸡、红原鸡。在我国的海南岛、广西、云南南部和缅甸、印度的森林里生活着这些美丽的禽类。它们和人工饲养的家鸡比较像，也用草和干枯的落叶建造巢，也会伸长脖子啼叫，头上也有肉冠和小小的肉垂。雄原鸡要比雌原鸡大，而且尾巴也比雌性的长很多。雄性的多为黑色，而雌性的则是暗褐色。雄性的原

家鸡

❖ 原鸡

鸡要比雌性的更加漂亮和艳丽。

其实，家鸡的祖先就是原鸡。那个时候原鸡的翅膀很大，白天觅食，晚上休息。后来经过人们的驯化，不能像以前一样飞翔了。再后来就习惯了和人类相处，每天过着无忧无虑地、吃着主人喂的食物、然后努力下蛋的生活。

火鸡

火鸡又称吐绶鸡、七面鸡，也是野生的，不过后来也被驯化并成了肉用家禽。在世界各地都会看到它们的身影，尤其是喜欢吃肉的欧美地区。亚洲的火鸡数量比较少。火鸡不

❖ 火鸡

是纯色的，它的羽毛呈黑、白和深黄色，也十分漂亮。而且神奇的是，火鸡喉咙下面的那个肉垂的颜色可随着自己情绪的变化而改变。雄火鸡的尾巴展开就像孔雀开屏一样，像一个美丽的大扇子，胸前还长着一束毛茸茸的小球。

火鸡体形要比家鸡大很多，是家鸡的3~4倍，长度可以达到80~110厘米。雄火鸡十分威猛，身高可以达到1米，而雌火鸡就相对弱小了。火鸡善于飞行，2千米对于它们来说不是问题。火鸡属于杂食性动物，既吃荤也吃素，甲壳类、蜥蜴等动物还有蔬菜果实等都是它们的所爱。火鸡似乎不喜欢自己被打扰，总是把自己的爱巢建筑在很隐蔽的地方。雌火鸡每年产16~30枚卵，不过是分两次产完的。

> **知识小链接**
>
> 一只雄雉鸡可以有多只雌雉鸡与之交配。雄雉鸡的求爱方式也比较特别，它很喜欢在自己满意的配偶面前进行侧面的炫耀。它环绕着雌雉鸡边走边叫，并把尾巴上的羽毛高高地竖起，以此引起雌雉鸡的注意。

雉鸡

我们平时说的野鸡、山鸡也叫雉鸡。雉鸡的身体长度在46~100厘米之间。雉鸡喜欢在灌木丛、竹丛或草丛中安静地栖息，主要以植物的叶、芽、果实等为食，一些小昆虫和小型软体动物它们也喜欢吃。我国广泛分布着雉鸡，但是，海拔最高的青藏高原没有。雉鸡非常矫健，鲜艳美丽的雄雉鸡跑起来也很快。虽然有翅膀，但又短又小不能够高飞。雌鸡没有雄鸡漂亮。

雉鸡

Part3 第三章

似鸟非鸟的哺乳动物——蝙蝠

蝙蝠是一种比较悲哀的哺乳动物，明明是哺乳动物，却长着一对可以飞翔的翅膀。

尽管如此，蝙蝠还是会被人们当作鸟类的普通大众之一。全世界蝙蝠的种类超过 900 种，而且几乎在世界各地都有分布，但在两极和大洋中的一些小岛屿上很难看到它。

蝙蝠的皮毛十分柔软细腻，翅膀是由两个前肢演化而来的，有四个手指，又细又长。脚也和人类一样，长着五个趾。它的弯弯的爪子能够让它稳稳地倒挂在树枝或岩石上面。白天它是倒立着休息的，通常在晚上活动。蝙蝠很喜欢吃一些植物的果实和昆虫。

大部分的蝙蝠主要吃昆虫，也正是因为这样，昆虫繁殖的平衡才得到了保持。蝙蝠是一种有益的动物，因为它能够有效地控制那些对庄稼有害的害虫。有些蝙蝠也喜欢吃带些糖分的果实、花粉、花蜜；生活在热带美洲的吸血蝙蝠则显得有些恐怖，

知识小链接

蝙蝠也有冬眠的习性，地点通常都是在洞里。它冬眠的时候新陈代谢的能力会降低，呼吸和心跳每分钟只有几次而已，血流速度也变缓，但是蝙蝠冬眠很浅，一旦受到惊醒会立刻恢复常态。

❖ 蝙蝠

它会吸食哺乳动物和大型鸟类的血液并常常通过这种方式传播病菌，它还会传播狂犬病。蝙蝠比较喜欢群居，而且它不会自己筑巢，只是选择人类建造的房屋还有一些公共的建筑居住。蝙蝠大小的两极分化很严重，最大的狐蝠翼展达 1.5 米，但是基蒂氏猪鼻蝙蝠的翼展却只有 15 厘米。它们的颜色、皮毛质地及脸相也有很大差别。

❖ 蝙蝠

蝙蝠不会像一般的陆栖兽类那样在地上自由地行走，反而能够像鸟儿一样振翅翱翔，有些蝙蝠甚至比一些鸟儿的飞翔能力还要强呢。遇到了十分狭小的地方它可以迅速转身不让自己受伤。

蝙蝠还是一个"活雷达"。它常在夜间活动，此时光线昏暗，而蝙蝠却依旧可以像在白天一样正常地活动。这是因为它能够发出人类听不见的声波，并利用声波的反射来确定前方是否有障碍物。它就是靠着这种办法来探路和捕食的。长耳蝙蝠可以一边飞行一边捕食昆虫，而且它可以从叶子上把虫准确地抓下来。它那大大的耳朵可以让它接收到回声。

❖ 蝙蝠

遨游在水里的精灵

　　动物中有天上飞的，有地上跑的，也有水里游着的。水本是安静的，除了那汹涌的浪潮或是大风袭过就只有这些水里的精灵们才会给水带来活力了。它们的生存离不开水，同时，水也离不开它们。它们给水带来的生机让人们更加关注水，也让人类更加关注这些爱游泳的动物们。

■ **Part4** 第四章

海里最凶猛的猎手——鲨鱼

鲨鱼的存在历史已经达4亿年之久了，而且在距今1亿年的时间里它们几乎没有发生什么变化。

也许大家不知道，我们熟知的恐龙还是鲨鱼的晚辈呢，因为在它出现的3亿年前鲨鱼就已经存在了。鲨鱼也叫鲛、鲛鲨，是海洋里实力很强的夺命杀手。

鱼类有软骨鱼和硬骨鱼之分。鲨鱼属于软骨鱼类，世界上约有400种。鲨鱼不都是那么凶猛，只有少数种类的鲨鱼特别凶猛。它们身上有一层硬皮，皮上覆有很尖的鳞片。鲨鱼的力气很大，所以常常高傲地翘着自己的尾巴。鲨鱼的那张长着十分锋利的三角形牙齿的嘴是最让人生畏的。所以鲨鱼还有一个称号——"海洋杀手"。

鲨鱼有的时候会撞到正在海上航行的船，将那些比较小的船撞得晃来晃去，就像是要翻了一样。鲨鱼虽然凶猛，但也深受海蛎、海藻等生物的喜爱，因为它们可以在鲨鱼的身上生活。当然，这也让鲨鱼很不舒服。所以，有时候它会借助小船来抛掉这些"累赘"。

大白鲨是鲨鱼中最凶猛的，它还有一个让人心生恐惧的名字——"噬人鲨"。大白鲨比较大，最长的有12米

❖ 大白鲨

长。它的牙齿有 1500 多颗，肠胃也很大，20 多千克的食物都可以一直在那里储存。不仅海豹、海龟会落入它的口中，就连人类它也会吃。不过，人类也有相应的对策，我们把救生衣、救生圈等都做成橙黄色的，因为凶猛的大白鲨很惧怕橙黄色的东西。

想要保住自己的性命最好离鲨鱼远点，因为鲨鱼对气味十分敏感。就像吸血鬼一样，血腥味会迅速地传入它的鼻子里从而把它引来。嗅觉十分灵敏的狗也没有它的嗅觉灵敏度高。鲨鱼也有第六感。不过它的第六感是感电力，即使是很弱的电场它也会察觉到。所以，不被它发现还真的很难。除此以外它还有一种机械性的感受作用。千万不要小看这个感受作用，即使是处在 200 米外的鱼类或者动物产生了某种小的震动它都能够感受到。所以，在有鲨鱼的环境里还是要小心啊，不然会被这海洋里的夺命者夺去珍贵的生命。

> **知识小链接**
>
> 大白鲨体形非常大，所以行动起来也不是很方便。不过，这并不会阻碍它们捕猎，因为它们有着天生的保护色。这种上半身较暗，下半身很明亮的保护色让它们成了很会伪装的猎人。常常会在猎物不注意的时候攻击。

Part4 第四章

海上霸王——虎鲸

虎鲸是体形很大的齿鲸，身体可长达 10 米，重量有 9 吨多。可以想象这是怎样一个庞然大物了吧。

虎鲸身体颜色的构成只有两种，即腹部的灰白色和背部的黑色。它的背鳍有 1 米长。又细又长的嘴巴里长着十分锋利的牙齿，它是进攻猎物的能手。海豹和企鹅都视它为天敌。

虎鲸不仅敢于攻击小的动物，那些和它同样的鲸类甚至是凶猛的大白鲨它也敢袭击。所以，称它为"海上霸王"实在是最恰当不过了。

虎鲸的头像圆锥，背鳍的形状不统一。雌性和未成年的背鳍是镰刀形状，而成年的雄性则像棘刺一样。背鳍后面长着马鞍形状的纹络。它的圆形胸鳍十分宽阔。虎鲸虽然很强大，但是也喜欢群居。一般都是 2~55 只之间，它们很依赖自己的同伴。不要看虎鲸如此之大，它们的游泳速度却是很快。一般情况下却以达到每小时 55 千米，如果看到猎物了还会提速。生性十分凶猛的虎鲸主要捕食乌贼、鲆鱼、鲭鱼、鳕鱼、沙丁鱼等海洋鱼类和海豚、海狮、海象、海豹等海兽，偶尔还会向蓝鲸等大型须鲸发起攻击，那些企鹅和海鸟也逃不过它的"魔掌"。

❖ 虎鲸

❖ 虎鲸

虎鲸还有一个特别的能力，那就是它能够发出62种不同的声音，而且还有"方言"之分。这在动物界可以算的上是最复杂、最多样的了。

虎鲸也比较长寿，寿命最长的达50年。它们在4岁的时候就已经性成熟，虽然全年都可以繁殖，但是妊娠期很长，最少也要13个月，长一点的要16个月。

虎鲸不是一直都待在海洋里面的，它偶尔也会出来透透气，因为它需要在肺里储存充足的空气。它们有时候会浮出水面，或者是用鳍拍打水面。它们会喷出像树枝一样的气体，不过，这只有在温度比较低的时候才会看见。如果海面上有船行驶，它们可能不会理睬，也可能会好奇地过去看一看。我们还会看到它们集体搁浅的情况，因为有时候它们会不小心被困在那些潮池或者是海湾当中。两极海里的浮冰，也会给虎鲸带来了很大的麻烦，有的时候会让它们停留在小水域里很久才能离开。

虎鲸的团结意识很强。它们不会放下自己的同伴，会在同伴需要帮助的时候尽力给予帮助。这种精神非常值得人类学习。

虎鲸和人类不同，它们是母系社会。科学家也难以说明它们的交配对象的标准。雌性的虎鲸在选择对象的时候总是会选择那些年长的雄性，而且晚年也会交配。它们似乎也比较害羞，很少

❖ 海里游动的虎鲸

❖ 虎鲸

在大庭广众下交配。

　　人类的父子关系和父女关系在鲸群内是不存在的，雄性只是负责觅食并带着同伴一起去捕杀猎物。它们没有一些动物中的严格的等级制度，都是平等的。虎鲸的母女和母子关系明确而稳定，或许这就是母系社会和父系社会的不同之处。

　　虎鲸的分布范围比较广，这可能和它们对于水温和深度这些条件没有什么特定的要求有关。高纬度地区虎鲸的栖息密度较高，如果某些海域的猎物很充足，也会吸引很多虎鲸在这里栖息。炎热的夏天里它们主要吃须鲸、企鹅、海豹等。至于它们的迁徙活动我们还不知道具体情况，不过部分虎鲸会终年停留在南极海域。

　　虎鲸不仅强壮有力，而且也有计谋。它们会"装死"以吸引那些想要靠

❖ 虎鲸

近它的乌贼、海鸟等，如果它们上当了就会被立刻清醒的虎鲸一口吞下。有时候它们也会用尾巴将猎物击晕，再进行捕食。

虎鲸在南北两极分布最多，它们对于温度较低的海域比较青睐，在那些温暖的海洋里很少发现它们。在距离海岸 30 千米以内的海域也常常会看到它们。我国的多数海域都有它们威武的身影。

❀ 虎鲸

知识小链接

虎鲸是一种大型齿鲸，身长为 8～10 米，体重 9 吨左右，头部略圆，具有不明显的喙；背鳍高而直立，弯曲长达 1 米；身体黑、白两色。两翼骨远隔开。颞窝大。下颌骨相对较短。

❀ 虎鲸

■ Part4 第四章

动物界的寿星——珊瑚

如果问你一只小猫或者小狗有多大你能准确地说出吗？也许这对于很多人来说都很难。但是，珊瑚却可以让我们知道它的年龄，因为珊瑚的骨骼会告诉我们它精确的年龄。

珊瑚的骨骼有些像树的年轮，如果想要知道它的确切年龄，只需要把骨骼切成很薄的薄片，放到 X 光下，就会知道珊瑚的年纪了。

有一株珊瑚在绿岛海域南寮渔港外生长着，它高达 12 米。那么它的年纪是多少呢？根据年轮进行推算，它已经有 1200 岁啦！也就是说，在元朝和宋朝的时候它就已经存在了。而那个时候还只有很少的南洋移民在那里居住呢。如果没有自然和人为的破坏，它会这样一直生存下去，至于到底会活多久就不得而知了。而且越大、越老的珊瑚越不容易死去。

珊瑚生长得很慢，每年大约只能长 1 厘米。所以千万不要小看那些只有几十厘米的珊瑚，因为它们的年纪已有五六十岁了。如果我们去潜水或者观赏珊瑚的时候，一定要对它们心生怜

知识小链接

判断珊瑚的生死有一个很明显的办法，那些浮在海上的珊瑚是死珊瑚，而在海下的珊瑚则是活的。聚集在一起的珊瑚的骨架会不断扩大，最后会形成色彩鲜艳、各种形状交织在一起的珊瑚礁。

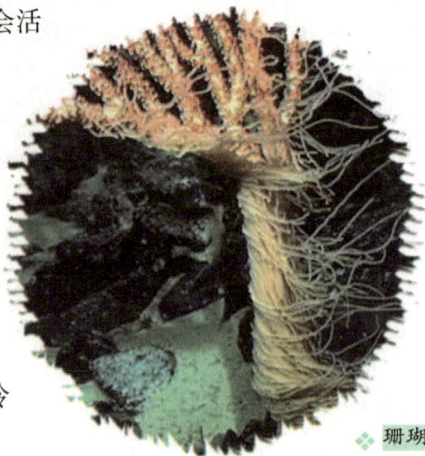

❖ 珊瑚

惜，千万不要伤害它们。因为它们的成长实在是太不容易了。

水螅型的个体是唯一的珊瑚虫，像是一个圆柱形，它的下面牢牢地依附在物体表面，顶端有围着很多圈触手的口。上面有刺细胞的触手可以收集食物，还能够伸展，但是有一定的限制。这些刺细胞就是它捕获猎物的有力武器，因为这里面的刺死囊能够让猎物处于麻痹状态。由隔膜上的生殖腺产生的卵和精子经过口排进海水里。珊瑚虫的受精通常只在两个地点，一个是海水里，另一个就是它的胃循环腔内。珊瑚虫的幼体布满纤毛，可以游动。慢慢地发育成水螅型体。它还有一种生殖方式，那就是出芽生殖。芽和水螅体并存，并发展成群体。

❖ 珊瑚

❖ 珊瑚

海中"蝙蝠"——鳐鱼

鳐鱼的身体很平,像是一把打开的扇子,也有的是圆形或是菱形。鳐鱼还有一个别称,叫作"平鲨"。

鳐鱼的身体结构有些特别,它的嘴长在腹部,所以它是横口类。它的眼睛长在背部,尾巴就像是一根小鞭子,驱赶着由鳍和身体连接而成的没有脖子的整个身体。

在很早以前,鳐鱼和鲨鱼是一类的动物,后来为了能够适应海底环境,鳐鱼便把自己深深地隐藏在海底的沙地里面。现在,鳐鱼和鲨鱼已经有了很大的差别。胸鳍是鳐鱼能够前进的主要工具。鳐鱼也懂得突然袭击,它一般会把自己先藏在沙地里,然后杀猎物一个措手不及。我们接近它的时候千万要小心它背后的那根看似很美丽的红色的刺,因为这是一个有剧毒的毒刺,会让我们丧命的。

鳐鱼游泳时总是慢悠悠的,好像很享受的样子,游动起来一起一伏的,很像是一只蝙蝠。鳐鱼在水中活动的动作很漂亮,也会时常去水面上呼吸呼吸新鲜空气。鳐鱼很平和,不像鲨鱼那样凶猛吓人,如果能够骑着它在水面遨游,简直是人间一大乐事啊!

知识小链接

有些鳐类还长着能够发电的器官,这些发电器官都是由特化肌肉形成。我们称之为电鳐,它们产生的高电压可以把猎物击昏甚至电死。

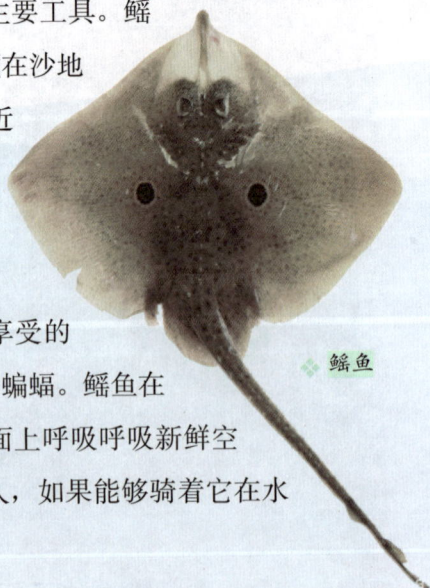

◁ 鳐鱼

鳐鱼的骨骼有的是软的，有的是硬的，但是和真正的硬骨组织有区别。鳐鱼的胰脏和肝脏都是独立存在的，肠内还有螺旋形状的瓣。它没有鱼类的鳔。鳐鱼的心脏有动脉圆锥。雄性的交配器官叫作鳍脚。鳐鱼是卵生动物，一般都是卵胎生或者是假胎生，在体内完成受精过程，可以在体内发育。也可以在体外发育，虽然产卵量不多，但是成活率很高。

❖ 鳐鱼

❖ 鳐鱼

■ Part4 第四章

会放电的动物——电鳐

自然界会放电的动物有很多，电鳐是其中的一种。电鳐的电力排名第二，而且放电十分有规律，还有科学家称它为"天然报时钟"。

电鳐的放电电压最高可以达到500伏，这已经远远超过人类的安全电压了。电鳐的放电功能给人类很大的启发，科学研究者根据它的这一特性研究出了电池。我们平时用的干电池，在正负极间的糊状填充物，就是智慧的发明家根据电鳐发电器里的胶状物制造出来的。在很久以前，电鳐还能够治疗风湿症和癫狂症等病，这最早是由古希腊和罗马时代的人发现的，操作十分简单，只需要把电鳐放到人的身上就可以了。这个方法一直沿用到今天。在法国和意大利沿海，有很多患有风湿病的老年人用这个方法给自己治病呢。

其实电鳐本身就是一台"发电机"。有规律地排列着的6 000~10,000枚肌肉薄片组成了它尾巴两侧的肌肉。在这些薄片中间还隔着结缔组织，很多是直接和中枢神经系统相通的。虽然每枚肌肉薄片只能产生150毫伏的电压，但是，"人多力量大"，如果成千上万个"小电池"串联起来，它们产生的电压有多高就不能想象了。

电鳐尾部发出的电流会直接向头部的感受器流去，所以，一个小型的弱电场

❖ 电鳐

◆ 电鳐

就在电鳐附近形成了。电鳐就是靠着这种"电感"来感知周围环境的。为了证实这个结论，科学家们还专门做过实验，而实验结果也证明了这一点。

电鳐不会一直都有电，它身体会储存一部分电，如果放没了就需要用一些时间来积累。所以巴西人在抓捕电鳐的时候总是先利用家畜让电鳐把电都放光，然后再去捕杀这些暂时放不出电的电鳐。

知识小链接

电鳐，软骨鱼纲电鳐目鱼类的统称。背腹扁平，头和胸部在一起。尾部呈粗棒状，像团扇。

◆ 电鳐

放电能手——电鳗

在那些水流比较缓慢的淡水中，有一种不是真正的鳗鱼类的鱼类，它产生的电流足以让人昏厥。它就是水中的放电能手——电鳗。

电鳗的尾部脊髓两侧有两对发电器，这两对发电器是长梭形状的。电鳗的发电器也是由许多电板组成的，这种构造和电鳐十分相似。一旦它的头部或者尾部被碰到，或者受到了一定的刺激，它就会立刻放出足以让人昏厥的电流。电鳗并不会无缘无故地放电，它这么做也是为了让自己生存下去。为了捕获食物，它不得不用这种手段来达到目的。这也是大自然给予它的特殊本领。电鳗的电量很大，那些比它小的动物很容易被电击死，一些大的动物则会被击昏。

知识小链接

在水中电鳗放出的电不会电到自己，但是如果把它放到空气当中它就会被自己电到。因为空气的电阻要比它本身的电阻大得多。

在南美洲亚马孙河和圭亚那河生活着一种又细又长的长得很像鳗鲡的电鳗。这种电鳗身体有 2 米长，重量达 20 千克左右。身体表面十分光滑，腹部是比较亮丽的橙黄色，背部通体是黑色。它就像一个又

❖ 电鳗

粗又长的圆柱，没有背鳍和腹鳍，不过臀鳍却很长，这是能够让它游动起来的主要工具。

❖ 电鳗

电鳗的电量很大，高达 800 伏。过去有很多人被电鳗击昏的例子，虽然没有靠近它，但只要在水中 3~6 米范围内，它放出的电都会给人类带来伤害，还有人因此丧命呢。所以，我们要很小心这个水中的"高压线"了。

电鳗不仅电力十足，味道还十分鲜美，这种富有营养价值的美味常常在人们的餐桌上看到。为了得到它们，南美洲的土著人可是费了一番心思。电鳗和电鳐一样，如果电没了得需要一段时间积累才能再放电，所以，这些土著人就让自家的牛马引诱电鳗放电。等到它们把电放没了，就可以直接捕捉这些没有电力的电鳗了。

电鳗本是产于海里的，后来发展成为一种降河性洄游鱼类，在淡水里长大成熟，然后再到海里面去产卵。所以，每年春天的时候我们都会看到成群结队的电鳗游进江河的河口。秋天来临的时候它们又会集合，一起到海洋中去繁衍后代。雄性电鳗一般可以直接在江河口成长，而雌性的则要游到江河的干流、支流或者是与之相通的湖泊里。喜欢昼伏夜出的电鳗不仅溯水能力很强，而且还很善于逃跑。

❖ 电鳗

Part4 第四章

奇特的鱼——翻车鱼

在世界上有这样一种鱼，它身体扁圆，背部和腹部上分别长着一个又长又尖的鳍，却没有尾鳍，身体看起来就好像缺了一块似的。这种鱼就是世界上最大的、形状十分奇特的翻车鱼。

小嘴也小的翻车鱼的尾鳍已经退化成了无尾柄，它没有腹鳍，背鳍和臀鳍却很发达，也很高。翻车鱼还有一个名字，叫作头鱼。

如果天气暖和了，它会把背鳍露出水面来晒太阳，这样可以让它的体温升高。温度变低的时候它会游到深深的海底。因为翻车鱼游动速度很慢，身体又笨笨的，所以会被很多鱼类和海兽吃掉。既然那么多动物都争着吃它，为什么它还没有灭绝呢？这是因为它的繁殖能力很强，生产能力在海洋里可算得上是数一数二的。

我国的一些渔民一直有一个忌讳：他们在捕鱼的时候不会捕捉翻车鱼。渔民认为这种鱼会给他们带来霉运，让自

知识小链接

翻车鱼的经济价值很高，它既能够用来科学研究和观赏，还是一种营养价值丰富的美食。翻车鱼肉里所含的蛋白质要比著名的鲳鱼和带鱼还要高。这也是为什么一些人会热衷于捕杀翻车鱼的原因。

翻车鱼

已发生一些不好的事情甚至是失去宝贵的生命。

❖ 翻车鱼

翻车鱼是河豚科的亲戚，不过这个亲戚实在是有些大。在多骨鱼中翻车鱼是体重最重的鱼种，重的达 3000 千克，在 20 世纪 30 年代就有鱼类学家将其称之为"动物界的生长冠军"。别看它的幼鱼才有 0.25 厘米长，可是，到了成年的时候就可以达到 3 米长了，而且体重比幼鱼时，几乎增加了 6000 万倍。别看它这么庞大，其实是很温顺的，非常"平易近人"。所以，这种又大又可爱的鱼也受到了很多人的喜爱。

翻车鱼身上的寄生虫有 40 多种，而且还出现了双重寄生现象，即这些寄生虫的身上也有寄生虫生存。看来翻车鱼的贡献还不小呢。我们知道皮肤一般都是很薄很脆弱的，可是翻车鱼的皮肤则有些特别。它的皮有 15 厘米厚，都是由稠密的骨股纤维构成。19 世纪时，有很多渔民的孩子用翻车鱼的皮制成富有弹性的皮球，可见它的皮又厚又有弹性。

Part4 第四章

魔鬼鱼——蝠鲼

> 鳐鱼中最大的鱼是攻击性不强的蝠鲼。蝠鲼因其形状吓人而被称为"魔鬼鱼"。

在 蝠鲼的头上有两只头鳍，它们可以来回转动，还是蝠鲼取食的重要工具，蝠鲼常用它们把食物赶到嘴周围并送进嘴里吃掉。虽然蝠鲼的性情不凶猛，但海里那些十分凶猛的动物不敢攻击它，因为它那硕大而又有力的肌肉令它们害怕。

蝠鲼游泳的样子很特别，它用力地扇动着胸鳍，看上去就如同在水中翱翔，十分健美。蝠鲼体形很大，成鱼的体长可达 7 米，重量有 5000 千克，虽然它很大，但比较灵活。在跳跃的时候它可以呈旋转的形状螺旋上升，可以跃出海面 1.5 米之高。繁殖期来临时候的蝠鲼似乎更加活跃，它常常在海里旋转上升，并不断加速，跃出水面后再用力翻一个跟头。在远处看来简直壮观极了，可以想象这么大的身体落入水中时会产生如何震耳的巨响。但是，蝠鲼为什么在繁殖季节蝠鲼会有这样的举动，我们至今也无从知晓。这么做也许是为了驱赶食物，或者是为捕获食物，也或许这是在繁殖季节调情呢，总之众说纷纭，莫衷一是。

蝠鲼主要分布于热带和亚热带的浅海区域，通常都是距离海岸不远的浅海当中，在海底很难见到它们的身影。蝠鲼是一个很随性的动物，显得有几分成熟的大家气息，喜欢肆意地游荡，而

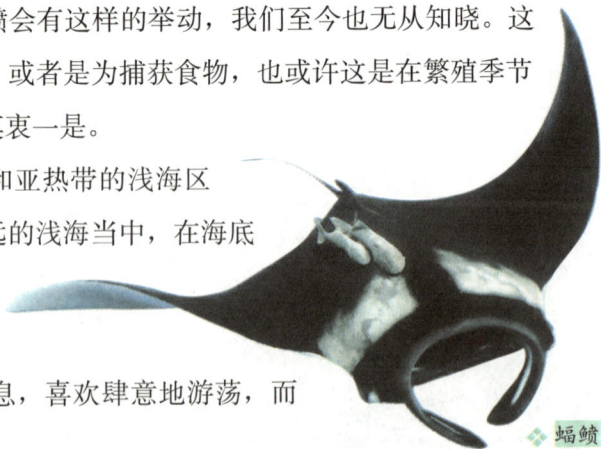

◆ 蝠鲼

且总是静静的，像一个流浪的诗人，让人不敢亵玩。不仅如此，蝠鲼还很宽容和大方，对于一些动物都具备的领地意识和不善的攻击性它都不具备，总是这样不惹事也不会招来事端地过着一个人的生活。

每年 12 月到第二年的 4 月间是蝠鲼的主要繁殖期。小蝠鲼性成熟是在 5 岁，到了五岁便可以繁衍下一代了，一般情况下蝠鲼的寿命都是 20 年。

蝠鲼虽然庞大，却主要吃一些很小的动物。小型的浮游生物、小鱼或者甲壳动物是它爱吃的食物。而且它有点贪吃，基本是边走边吃，嘴从来不会闲着。它不喜欢一只一只地吃那些本来就很小的食物，它喜欢把食物驱赶成一群然后一起吃掉。或许它觉得这么吃才过瘾吧。

蝠鲼还有十分可爱调皮的一面，它会常常跟人类开一些小玩笑。估计经常到海上航行的人对这一点最有体会了。蝠鲼有的时候会敲打着海上游动的小船来吓一吓船上的人，其实它并没有恶意。有的时候它会把自己的那双肉足挂在锚链上然后把锚拔起来，让人慌张失措。

❖ 蝠鲼

游泳的"马"——海马

海马是马类吗？不是，虽然它叫作海马，但这是因为它的头像马头。事实上，海马是生活在海里的鱼类。热带海底里颜色十分鲜艳的海底植物对海马的捕食和规避风险非常有利。

海马的药用价值很高，所以它比较名贵。它的药用功能十分广泛，无病可以强身健体、补肾壮阳、舒筋活络，对于消炎止痛、镇静安神、止咳平喘也比较有效，尤其是神经系统类的疾病，它的药用效果更加明显。这样的药用价值使得我们对于海马的需求很广，尤其是在海外。所以很多外籍的游客都会去海南购买比较廉价的海马。

海马在繁殖后代方面和很多动物有点"背道而驰"。一般的动物都是雄性追求雌性，然后由雌性负责生育后代。可是海马就不同了，不仅是雌性追求雄性，而且雌性的海马还会直接把卵子放到雄性的育儿袋里，小海马就是由爸爸孵化出来。

海马比较懒惰，它在上午和下午出去活动，晚上就静静地待在那里。它常常都利用自己的拟态优势在藻丛或海韭菜繁生的潮下带海区栖息，而且总是弯曲着依附于海藻的茎枝上

知识小链接

海马的摄食量并不是固定的，与很多外在的环境有关，像水温、水质等都会影响它的摄食量。温度适宜的时候就会有很大的摄食量，消化也比较快，而在水质不好的时候吃得则比较少。它们的耐饥性非常强，最长可达 132 天。

❖ 海马

❖ 海马

面或者是倒挂在一些悬浮物上让水流带着自己前进。别看海马这么懒惰，它游起泳来却十分迷人，恐怕在鱼类里面就只有它会高难度地直立游泳了。

近陆浅海的小型鱼类海马长着一颗十分像马头的脑袋，在它头的每一侧都有两个鼻孔，胸部和腹部都是凸出来的，尾巴又细又长。海马身体的长度只有 10 厘米左右，身体外包着一层膜骨片，没有腹鳍和尾鳍，背鳍也没有刺。每年都可以繁衍两代到三代的后代，虽然它们不懂得防御敌人，但是却很会"装"。它们常常把自己紧紧地缠绕到海藻上面，让敌人无法察觉。

❖ 海马

■ **Part4** 第四章

在水中打伞的水母

在广阔的海洋中生活着一种十分特别的无脊椎动物，它一直打着一把自带的"雨伞"，不知道它是在防晒还是在防水。这个大型的浮游生物就是水母。

懂得用"雨伞"保护自己的水母活的时间常常很短，平均算下来只有几个月的生命。世界上约有 200 种水母，几乎在世界各地的水域里都可以看到它们的身影。

它们身上的那把雨伞有大有小，小的直径只有 1 毫米，可以想象那是多么小的一把伞了。大的则可以达到 2 米，这也确实是一把巨型伞了，至少我们还没有打过这么大的伞。伞周围的那些密密麻麻的小小的触手可不是用来撑伞的，那是它们重要的感觉器官。在整个身体下面的正中央的地方长着它们用以进食的嘴。水母的移动十分有节奏，就像是拿着雨伞在水中起舞的舞者，这是因为它们那有节奏收缩的肌肉可以借助水的进出使自己前进。

水母这个名字或多或少也透漏了它的一点信息，那就是它整个身体的百分之九十以上都是由水构成的。而这个以

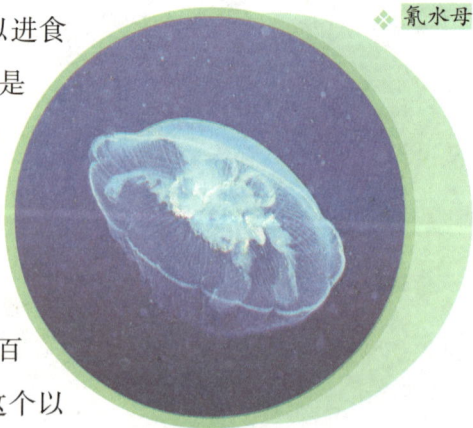

◆ 氯水母

❖ 水母

水为主体的动物在 5 亿多年前就已经存在于这个神奇的世界了。

或许你还不知道水母的耳朵长在哪里吧？它的耳朵是一个很小的听石，这个小听石就长在水母触手中间的细柄上。如果风暴即将来临，水母一定早早地就躲避起来了，因为在风暴来临的十几个小时以前它就通过它的听石感受到了由海浪和空气摩擦而产生的次声波。所以，如果水母一下子全部都消失了，那么一定是有风暴来临了。水母起了很好的预警作用，为海洋里的动物做了贡献。

不要看水母的寿命不长，在动物级别中也属于低等动物，但是，它也有让人羡慕不已的地方。那就是它有一个很温馨的大家庭，而且还是三代同堂。刚出生的小水母紧紧地依偎着自己的母亲，小水母有了自己的孩子后，它们就彼此依存。让人看了不由得心生几分感动。

水母虽然都是三代同堂，但是它们还是会和人类调皮。夏天来了，到海边戏水或是在水里游泳简直是一大乐事。可是，如果不小心就会被水母刺到，还会肿起来呢。但是不要担心，水母并没有让我们毙命的意思，只要涂点消炎药或者是食用醋就可以康复了。但是，世界上还有两种水母的毒刺足以让我们死亡。它们是在马来西亚到澳大利亚一带海面上的被称作"杀手水母"的曳手水母和箱水母。所以，我们如果在那一带活动一

❖ 水母

定要加倍小心啊。

在大西洋里生活着世界上最大的水母，它的触手有 36 米长，那把"雨伞"的直径也有 2 米多。有一种水母手里的那把伞很漂亮，就像是天空中的彩霞，在海洋里它也算是一道亮丽的风景吧。它就是北极霞水母，别看它的触手有 36 米，但是动作可是十分敏捷。对于那些比较凶猛的动物它也是手到擒来，因为它那 36 米长的触手如果全部都伸展开，就宛如一个大面积的渔网，自然能网住那些大的动物了。

❖ 水母

水中的马蹄——鲎

如果问你血液是什么颜色的，估计很多人都会说是红色的。可是少数的动物会有其他颜色的血液，鲎就是一种有着蓝色血液的古老动物。

千万不要以为血液是蓝色的就给它添上一种神奇色彩，鲎的血液中含有的铜离子和氧结合自然就变成蓝色了。这种血液不仅少见，而且是可以提炼出治疗胃病的良药呢。

鲎的形状就像是马蹄，看起来非常丑。虽然它们其貌不扬，但是对于爱情和婚姻是十分专一。只要它们"一日夫妻"就会终生相伴，这一点连爱情模范——鸳鸯都比不上。一般的动物都是雄性比雌性大，可是鲎就不同了。雌性的鲎要比雄性的大两倍以上，而且，各自持有的武器也不同。雌性的前腿上有四把钳子，而雄性的却是钩子。两者结合就会紧紧地相依，而且雌性的鲎会驮着"弱小"的"丈夫"。

鲎在地质历史时期古生代的泥盆纪就存在了，那个时候恐龙还没有崛起，所以它的确称得上是一种古老的动物。由于它存在至今，所以也是科学研究中的一种"活

> **知识小链接**
>
> 每年四月下旬到八月底这段时间是中国鲎的主要繁殖时间，通常都是在日落以后它们到大潮的沙滩上去挖穴产卵。

◆ 鲎

如今世界上只有 5 种鲎，而最为常见的就是我国的中国鲎。那些蠕虫和没有壳的软体动物都是鲎的食物。鲎似乎很怕外人来袭，把自己用坚硬的"铠甲"裹得严严实实，看起来有点像两栖水陆坦克。头胸甲、腹甲、剑尾甲三部分各有各的分工。像三角刮刀的剑尾甲是自我保护的利器。在头胸甲的中间长着嘴，嘴周围的小腿像是一把钳子，这是捕获食物的重要工具。而那些小腿则是爬行的器官。

❖ 鲎

甩不掉的动物——藤壶

估计很多渔民都会非常讨厌一种动物，它就是我们常常在海边岩石上看到的那些灰白色的并且还有一层石灰质外壳的小动物——藤壶。

它还有一个很形象的名字——马牙，这是缘于它形状很像马牙。藤壶的捕食方法比较特别，和潮涨潮落有紧密的联系。涨潮的时候会有很多浮游生物游过来，这个时候藤壶就会把自己身体外部的那层石灰质壳板的顶端两块打开，然后六对胸肢就从里面伸出过滤那些浮游生物。退潮以后壳板又闭合，这样不仅体内的水分不会流失，其他的生物也不能对其进行攻击了。

这让人甩不掉的藤壶还真是有个怪，那些在礁石或者是船体上附着的藤壶，无论是多么猛烈的风吹浪打都不能把它们甩掉。这是因为它们能产生一种天然胶。这是它们蜕皮时所分泌出来的，估计很多人工的胶水都没有它的黏合力大呢。藤壶不仅依附力很强，而且分布还十分广泛。在那些潮间带至潮下带浅水区几乎都可以看到它们的身影。在节肢动物中只有它是固着生活的。

甩不掉的藤壶虽然比较惹人烦，可是它们却活得非常自在。在海底世界里，它们尽情地享受着大自然赋予的海水和阳光，无忧无虑的，真是让人羡慕。

关于藤壶还有一个十分有意思的传说。传说美丽而高贵的龙王公主非常想到岸上去看看丰富多彩的人间，

◆ 附着在波罗的海琥珀上的藤壶

可是，那些礁岩十分光滑。公主踩上去很有可能会摔倒，所以龙王就下令广招"门坎石"，即紧紧地俯卧在礁岩上让公主顺利走出去。如果谁能够担此重任，以后就可以在海里礁上自由活动。这样的条件着实让很多动物动心。龙头鱼自信地去应试了，可是，公主的踩踏让它们左歪右斜的，公主狠狠地摔了一跤，龙头鱼也因此受到了重罚。看到龙头鱼被罚得那么惨，水族们都不敢尝试了。就在大家都退却的时候，那位平时只是

在御膳房做杂事的藤壶站了出来。它把自己平时保存的那些杯子、碗一类的东西罩在自己身上，然后一层一层地附着在岩礁上。这次公主非常顺利地走过了礁岩。从此以后，藤壶们就可以自由地在海里活动了，而那层罩着的杯子、碗等也成了它们保护自己的硬壳了。

传说固然不能相信，但是藤壶的附着能力强确实是真的。而且，它们也会因为这样给船舶带来损害。大量的藤壶在船底附着会增加船体的重量和船底的粗糙度，从而使船和海水之间的摩擦力加大，船的行进速度就减慢了。可是，如果想去掉它们除了把船皮揭掉一层以外几乎

❖ 藤壶

就别无他法了，这样又会对船造成损害，所以这些甩不掉的藤壶还真是船主的困扰呢。

安能辨我是**雄雌**——海兔

我们知道海马不是马，现在再告诉大家，海兔也不是兔。它只是长得比较像兔子而已，因为它竖起的两只触角就像小兔高高竖起的耳朵一样，所以叫作海兔。

海兔这个名字是由罗马人最先叫起来的，后来世人都慢慢地习惯了叫这个名字。

海兔一般生活在热带的海域，我国沿海特别是东南沿海那一带分布比较多。海兔因为它那斑斓的色彩而具有非常高的观赏价值。

海兔最大的特点就是雌雄同体。它的身上长有两种性器官，所以无法准确地说它到底是雌性还是雄性。如果两只海兔想要交配，就需要一只的雌性器官和另一只的雄性器官交配，过段时间再换性器官和对方交配。一般情况下都是连体、成串地交合。虽然有些乱，这却是这个群体的习惯。万物复苏的春天也是海兔的繁殖季节。海兔的卵不是单个存在的，而是连成很长的一条，如果卵带有 18 米长，那么上面的卵估计有 10 万多个。虽

知识小链接

海兔长着鲜红的乳突，当它受到骚扰的时候，乳突会随处摆动。虽然一些鱼类会咬掉这些乳突，但是它们可以再生。而且因为乳突内的刺细胞和腺体分泌物，所以会遭到捕食者的嫌弃，然后丢掉它们。

❖ 海兔

然卵很多，但是能够孵出来的很少，因为多数都被别的动物当作食物吃掉了。而孵出的海兔两三个月后就可以发育成成年海兔。

❖ 海兔

海兔有一个十分特别的本事，那就是吃什么颜色的海藻就会变成什么颜色！如果吃的海藻是红色的，那么它就会变成玫瑰红色，如果吃的是墨角藻，它就会变成棕绿色。有些海兔的表面还有像绒毛和树枝一样的凸起，再加上它可以变化的体色就可以与周围的环境融为一体，从而规避敌害了。

上面说的是一种比较消极的躲避敌人的方式，其实，海兔还可以进行积极的防御。海兔有两种腺体，其中一种在外套膜前面，可以分泌出有毒的乳状液体，敌人闻到了这种气味就会远远地避开，不敢再采取行动了；还有一种没有毒，是紫色腺，它可以给周围的海水染色，海兔就趁着敌人视线模糊的时候逃离。

海兔属于软体动物，日本人给它起了一个名字叫"雨虎"。它头上像兔子耳朵的那两对触角有各自的分工，前面的负责触觉，后面的负责嗅觉。它在爬行的时候后面的触角会成"八"字分开，努力向前伸，嗅周围的味道，休息的时候触角会自然收拢。

❖ 海兔

Part4 第四章

会游泳的海兽——海狮

在广阔的海洋中生活着一种"狮子"，它们主要吃鱼、乌贼、海蜇等动物，不过为了促进消化它们偶尔还会吃进去几颗石子。为了找到足够的食物，它们不得不每天在海中奔波，它们就是长得非常像狮子的海狮，不过，它们可不是真正的狮子。

海狮的生活还算比较规律和享受的。它们白天就勤劳地出去捕食，如果阳光明媚了，就到岸上去美美地晒晒太阳，到了晚上就好好地休息。

海狮和狮子一样，也是比较凶猛的食肉类猛兽。不过它们还不能够称作海洋之王。它们体形大，十分强壮，所以食量也特别大。如果人工饲养它们的话，每头海狮每天要吃 40 多千克的鱼。那些在自然中自由活动的海狮如果活动量增加了，食量还会继续增加，扩大 2~3 倍也不是问题。海狮还敢和渔民们抢鱼呢，常常在渔网中抢渔民的劳动成果，不得不承认它们还挺聪明的。为此渔民们可是非常讨厌它们。因为它们的数量正在急剧减少，国家已经提出了对其进行保护的倡议，而我国海狮也已经进入国家二级保护动物之列。

海狮多集群活动，有时在陆岸可组成上千头的大群，但在海上常发现有一头或十数头的小群体。它们主要聚集在饵料丰富的地区，食物主要为底栖鱼类和头足类。我国渤

> **知识小链接**
>
> 北海狮通常都是集群共同活动，有的时候我们会在岸上看到成千头的海狮聚集在一起。那些饵料特别丰富的地方总是会吸引它们。

❖ 海狮

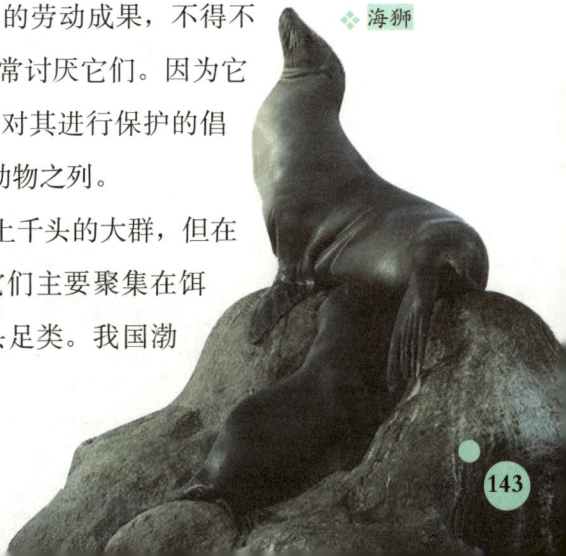

海、黄海均有分布。

通常情况下，海狮没有固定的栖息地，可是到了繁殖季节它们就会找一块固定的地方争夺配偶。而且在争夺配偶的战争中如果胜利了，这只雄性就可以有很多个雌性配偶。海狮每年只能产一个崽。

它们聪明而敏捷，我们在动物园尤其是水族馆常常会看到它们的身影，它们表演的节目也是颇受欢迎。无论是顶球、投篮还是钻圈，都十分有趣。

海狮的胡子非常有用，它可以辨别几十里外的声音，这样的技能是不是很让人惊讶？

Part4 第四章

不会走路的海兽——海豹

在海里生活的海豹非常擅长游泳，它们虽然长着四肢，可是已经变成鳍状，头圆圆的，再加上类似纺锤形的流线型的身体，简直给游泳提供了非常充足的条件。

海豹大部分时间居住在海里，除非到了脱毛或者繁殖季节。它们很喜欢吃鱼类和贝类。它们有一层皮下脂肪，既能提供食物储备又能够保暖。

海豹和海狮一样都是人们非常喜爱的动物，尤其是在海滨公园的海豹池中，它们总是非常调皮地戏水，让人特别开心。它们非常聪明伶俐，稍微训练一下就会表演很多节目。小海豹浑圆的身体就像一个球，让人忍不住想去抱一下。它们平时都是靠着双脚的摆动推着自己行进的，如果爬到岸边的礁石上则显得有些笨拙了。它们的四肢有助于游泳，可是走路的时候就只是起支撑作用了。所以，每当看到它们走路的样子人们总是忍俊不禁。

如此可爱的海豹一般分布在北极、南极附近及温带或热带海洋中，迄今为止我们知道的只有 18 种，北极地区占了其中的 7 种，而南极则只占 4 种。但是，从数

知识小链接

海豹"社会"一直实行着"一妻一夫"制。发情期到来的时候，雄性海豹开始追求雌性海豹，当然，雄性海豹也有竞争者。但是，雌性海豹却只可以选择其中一只，所以，雄性海豹常常为了配偶而斗争。

◆ 韦德尔海豹

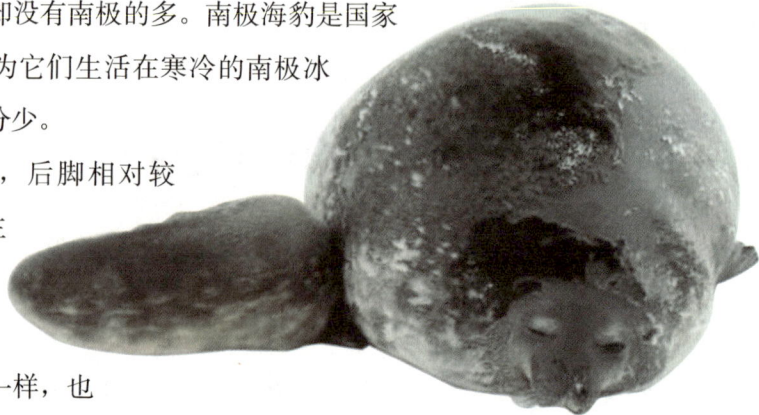

❖ 韦德尔海豹

量上说北极的海豹却没有南极的多。南极海豹是国家一级保护动物，因为它们生活在寒冷的南极冰原，所以数量也十分少。

海豹前脚较短，后脚相对较长，游泳的时候主要依靠较长的后脚。海豹的鳍脚上还长有毛，和人类一样，也是五趾。海豹的耳朵非常小，甚至已经只剩下两个小洞了。不过，这两个洞可以自由闭合。

和有些动物不同，海豹在繁殖期的时候也不会集群，相反，它们会在自己的后代出生以后再组建成家庭群。哺乳期结束了，家庭也就解散了。幼崽是在冰上出生的，冰融化以后它们才能在水中独立生活。也有一些个体的繁殖期推后了，所以它们只好在沿岸的沙滩上产出幼崽。

这就是在水中速度很快在陆上很难前行的海豹。

❖ 海豹

Part4 第四章

"横行霸道"的动物——螃蟹

在动物界有一种动物十分霸道，它们总以为自己带着两把可以伤人的钳子就无视别人，久而久之还养成了一个更加放肆的行走方式，那就是横着走。说它们"横行霸道"最合适不过了。这种动物就是海鲜中比较美味的螃蟹。

螃蟹这么霸道也是有那么一点道理的，毕竟它是甲壳动物里面进化程度最高的，这也难怪它会"傲视群雄"了。可以说，高等动物有的那些器官它们一样也不少，心、肝、胃、鳃、口、眼、肢脚等，一一俱全。

螃蟹的"钳子"原本不是这个形状的，它们之前也是螃蟹十只脚中的两只，但是，随着生存竞争的加剧，螃蟹不得不找一样工具来进食和保护自己。所以，两只钳子形状的螯就进化而来了。剩余的那八只脚则比较厉害，可以游泳也可以行走，不过，有一个局限，那就是只能够左右弯曲，所以，螃蟹就不得不横着走了。也许它本身也不想"横行霸道"的。

知识小链接

河蟹似乎是一种比较低调的动物，它们常常都栖居在滩涂、湖泊或者江河的洞穴里，有的时候也会去水草丛里面和石砾里面。它们在建造洞穴的时候一般都会选择在那些土质比较硬实的陡岸上面。

◆ 螃蟹

相对于平常的螃蟹来说有种螃蟹可是比较谦虚的，它可以向前走，那就是喜欢集群生活在软绵绵的沙滩上的长腕和尚蟹。而那些喜欢海藻的蜘蛛蟹则可以垂直攀爬。

❖ 螃蟹

螃蟹不仅会横着走，还会蜕壳。但是，蜕壳是间断性的，当它们的甲壳容不下成长了的身体时它们就会进行一次蜕壳，然后继续生长。

豆蟹似乎非常害羞，因为它们常常藏在贻贝或者是牡蛎的贝壳里面。它们不会自己出来觅食，总是吃贻贝或牡蛎辛苦得来的食物。但是这也不能完全怪它们，因为它们的身体实在是太柔弱了，而且眼睛也退化了，这样的身体状况不靠别人救济是难以生活的。沙蟹则不同，它们会随着潮水的涨落而觅食，而且身体还会随着潮水的退潮而逐渐变黑。

螃蟹的繁殖能力较强，每次都可以产卵百万粒以上，而且还不会被别的动物所食。

螃蟹还有一个值得我们感谢的地方呢，那就是它们会主动清理沙滩上的小动物，这样就不会有大片的小动物的腐尸留在沙滩上了。看来"横行霸道"的螃蟹还是有可爱之处的。

Part4 第四章

温柔的食肉动物——海星

这个自然界就是这么神奇！有些动物看起来凶神恶煞的，而事实上它却非常温顺，还有一些动物看起来非常温柔，但是实际上却是很凶狠的"杀手"。

平时在海底沙地或者礁石上静静地栖息着的海星就是这个看似温柔实则凶狠的"杀手"。

鲨鱼可以捕杀那些行动很敏捷的动物，可是行动缓慢的海星就不行了。它的主要捕食对象是那些行动起来非常迟缓的海洋动物，我们比较熟悉的螃蟹、贝类等都是它的主要食物。虽然海星不会凶猛地一下子抓住食物，但是它懂得采取"欲扬先抑"的迂回战术。先是缓慢接近，然后悄悄地把自己的胃袋从口中吐出来，借助消化酶使猎物在体外溶解然后被自己吸收。海星有一个十分特别的系统，那就是光感系统，这主要是由它腕足末端的眼点组成。

海星不仅懂得迂回战术，还懂得分身术，也可以说它的生命力实在是太顽强了。如果把它狠狠地撕

知识小链接

皮鳃是海星的呼吸器官。皮鳃的结构比较简单，有的具有一些分支。就像鱼在水中用鳃来呼吸一样，海星的皮鳃大大地增加了它的呼吸面积和能力，让海星可以在水中更为舒适地生活。

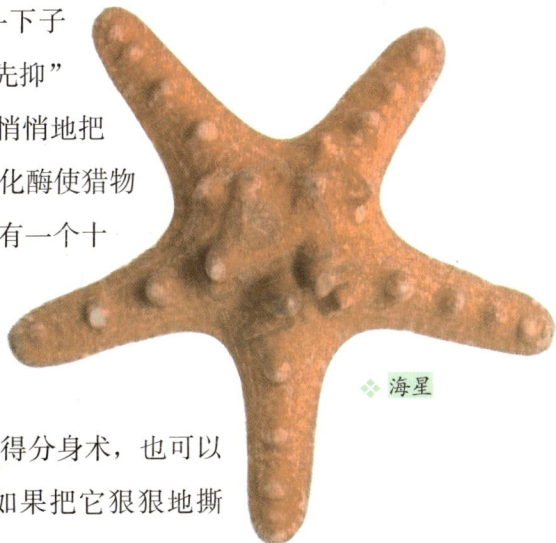

❖ 海星

❖ 海星

开，然后扔进海水里。如果是一般的动物自然就因此毙命了吧，可是，海星在不久以后就会生长出几个新海星来，而且都是十分完整的。而且，无论是身体的哪一个部位都可以在和整体分离后重新长出新的躯体。如果人类不幸少了腿或者手臂，一生都会受到严重的影响，可是对于海星来说这却不是问题。如果人类也有这样的分身术该多好呀！

每种动物为了生存都在吃着另外的一些生物，同样，也在被某些生物捕食。这就是自然界错综复杂的食物链，而捕食者和被捕食者之间的较量也在一直延续着。虽然海星的捕食本领很高，可是为了生存下去那些被捕食者也很懂得自我防御。

扇贝就有一套躲避海星袭击的方法。如果海星靠近它，它便会有节奏地一张一合，快快地游走。而海参则不同了，它会抓狂一样在水里翻滚以挣脱海星。小海葵更是特别，它攀到礁石上面然后任凭水流把它送到哪里。正是因为它们具备这些逃脱术，所以它们没有被自然淘汰，依然生活在这个神奇的世界里。

其实我们并不是那么了解海星，尽管我们时常会听到这个名字。海星不仅仅是一种食肉动物，而且还非常贪婪。也正是这种贪婪让它在海洋生态系统和生物进化过程中的作用不容小觑。

海星和海参、海胆一样，是棘皮动物。海星扁平的身体像一个五角星。海星没有统一的身体颜色，但是最多的是橘

❖ 海星

黄色、红色、紫色、黄色等。它们的体形也不均匀，小的不到 3 厘米，大的则达 90 厘米。身体是由众多钙质骨板与结缔组织结合而成，身体表面还生长着一些棘或者是瘤等。在 5 条腕下长着 4 列排列十分紧密的管足，这些管足既是捕食的有力武器，也是攀附在岩礁上面的重要工具。

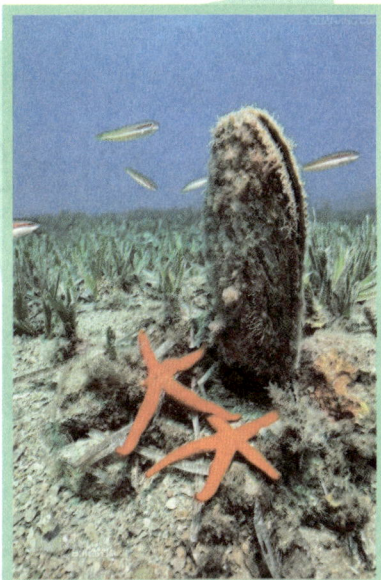

❖ 海星

还记得那句"虎毒不食子"吗？海星也是。别看它们平时那么凶猛，可是对自己的后代却是非常温柔、和蔼。为了不让其他动物伤害到自己的宝宝们，它们常常会用自己的腕形成一把阻挡外物的保护伞，从而给自己的宝宝们一个安全的孵化环境。

❖ 海星

滋补佳品——海参

在海里面有八种珍宝，同燕窝、鱼翅等同级的海参就是这八珍之一，是中餐灵魂中的一种。海参比较珍贵，最珍贵的就要数产于黄海、渤海海域，也就是辽宁沿海和山东沿海等地的北方刺参了。

海参到底是什么样子呢？如果你看到一个有 20~40 厘米长的圆柱形的海洋动物，那么它有可能是海参。如果它的前端口附近有 20 个触手，背后面还有几行肉刺，腹部生长着三行管足，那么已经有百分之八十的可能性是海参了。如果它的体色是黑褐、绿褐、黄褐或者灰白色，那么百分之百就是海参啦！海参很喜欢栖息在水流平缓、生长着大量海藻的细沙海底和岩礁底。对了，海参皮下还有一个纯铁球，可是它到底是用来做什么的至今也没有准确的答案。

如果你听到刺参、海鼠、海黄瓜这样的名字也不要奇怪，这些名字指的都是海参。珍贵的海参不仅营养价值极高，而且也非常古老，在 6 亿年前就已经存在了。海参这个名字还是古人给起的呢。

为什么海参被视为海里的珍宝呢？这小小

知识小链接

海参还有一个造福人类的功能，那就是可以准确地预测风暴天气。如果我们看到它们躲到石缝里，而且是群体性的，那么估计凶猛的风暴就要来临了。所以，渔民们常常根据海参的行为来预测天气。

❖ 海参

的动物怎么就这么让人青睐呢？这都是因为它那味道鲜美、营养丰富而且又软又嫩的肉。高蛋白加上低脂肪对于健康的价值可想而知。而且，绝对可以登得上大雅之堂。

❖ 海参

海参的自我保护能力也非常强，像变色龙一样也可以和周围环境的颜色一致。海藻和海草中的那些海参通常都是绿色的，而岩礁附近的则是棕色或者是淡蓝色。总之，总有一种和环境相融的颜色可以躲避天敌的进攻。海参似乎也有长眠的时候，不过是在夏天。它们通常到深海的岩礁暗处，在石头下面静静地睡上一整个夏天，直到秋天以后才恢复正常的活动。

为了逃避敌人的攻击海参还有三种特别的逃生技能：

"金蝉脱壳"

说是"金蝉脱壳"其实也有点不太准确，不过海参的这种逃生手段还真是和"金蝉脱壳"有异曲同工之妙。如果用针线或者是坚硬的铁丝把海参的身体穿透然后再狠狠地打上一个死结，你可以想象后果是怎样的吗？如果是一般的动物估计就这样"一命呜呼"了吧。可是，海参不会！不到半个月，它一定会把这些针线或者是铁丝统统排出去，而且还不会留下"疤痕"呢。

❖ 海参

舍小取大

聪明的海参在面对强敌的时候还懂得舍小取大，生物学上称之为排脏功能。当海参被十分凶狠的敌人攻击时会立刻把自己的五脏六腑抛出来让敌人吃下，而它则借此机会立刻逃脱。50 天左右它又会长出新的内脏来。

❖ 海参

分身术

海参的分身术也非常著名，也可以说它的生命力比较强。把海参切成几段再扔进海里，不到一年的时间里它就会生长出新的海参。而且它们也懂得自切，这样可以有多个"自己"存在。这种特殊的修复功能引起了医学家和生物工程学家的注意和兴趣。

海参还会自我消失，它大约成长 10 年后就会分解出自溶酶，在六七个小时内就能自我消失。而且，干海参接触到油性物质也会自溶。所以，如果我们想发泡海参的时候可千万不要用沾了油的容器。不然，可就亏大啦！

❖ 海参

Part4 第四章

两栖动物中的大哥——大鲵

之所以称大鲵为两栖动物中的"大哥"是因为它的体形最大。大鲵属于有尾目，长达1米，有的还会超过1米，而且非常重，最重的超过50千克，这样的块头着实堪称"大哥"。

毕竟是"大哥"级的动物，大鲵还真是凶狠，那些水生昆虫、鱼、蟹、虾、蛙、蛇、鳖、鼠、鸟等它都可以捕食，胃口还真不小。不过，它可不会采取什么攻击性很

知识小链接

大鲵的真正的名字叫作东方蝾螈，它可以被饲养在鱼缸里供观赏，而且要常常有阳光，但是太多了又不好，所以需要保持适当的光照。

强的手段，它的方法就是"守株待兔"。在山溪的石涧间悄悄隐藏，如果哪只猎物比较不幸正好从这里经过，估计就要丧命于此了。不过，它会给猎物一个全尸，因为它的牙齿不能够咀嚼，所以只能够将猎物囫囵吞下了。大鲵非常耐饥，有的时候两三年不进食也不会饿死。可是，如果它吃饱了就会增加体重的五分之一。看来大鲵还是喜欢暴饮暴食的动物呢。

大鲵的凶狠还表现在它们会自相残杀，甚至吃掉自己的卵，当然，这都是在食物比较缺乏的时候，为了活命它们不得不这么做了。大鲵不仅是体形上的"大哥"，对于寿命上也是数得上的。人工饲养的大鲵可

❖ 大鲵

❖ 大鲵幼崽

以活 130 年之久。

　　大鲵长得有些像蜥蜴，不过却比蜥蜴肥壮多了。大鲵的头扁扁的，嘴很大，眼睛不是很发达，上面还没有眼睑。身体两侧有像是衰老了的肤褶。尾巴像一个圆形，上下还长着鳍状的东西。大鲵也有变色龙那样的变色功能，不过通常都是灰褐色的。和许多动物一样，腹部的颜色要相对浅些。

　　大鲵的身体表面十分光滑，有一层黏稠的黏液。最近伟大的科学家们还有一个新发现，那就是大鲵小的时候是用鳃呼吸，长大了就变成用肺呼吸了。看来这个两栖动物中的"大哥"还真是不简单呀。

　　可是，这么不简单的动物也曾因为自己肉味鲜美一度被人们肆意捕杀，但是现在我国已经制定了相关法律来保护大鲵。

❖ 大鲵

第五章

数量庞大的昆虫

　　自然界中最有趣的就要数昆虫了，不要看它们形体都那么小，却是非常的不简单。不仅各自怀有一身绝技和本事，它们的智慧更是可以和人类相媲美。那忙碌的蜜蜂、美丽的蝴蝶、会织网的蜘蛛……看，它们正向我们走来，让我们好好看看这些数量庞大的昆虫吧。

花丛中的工作狂——蜜蜂

要说昆虫里面最勤劳的那非蜜蜂莫属了。在花丛里总可以看见它们飞来飞去的身影，"嗡嗡"的声音一直没有停过，简直就是一个十足的工作狂。可是，正是因为这样的"工作狂"的存在才使得蜂群不会饿肚子。

蜜蜂的生活方式是群居型的，而且每个蜂群都由成千上万只蜜蜂组成，这个家族真的是庞大。这么多的蜜蜂聚集在一起所产生的力量也自然非常强大。它们有不同的分工，负责取食的、负责生产的、负责守卫安全的……应有尽有。所以，整个家族生活得有条不紊，可比我们人类的一些组织有规律多了。虽然看它们平时没有休息的时候，可是它们乐在其中。

蜜蜂最爱的食物就是花粉和花蜜。蜜蜂的复眼有五百多万只，而且感官非常的发达。它们的翅膀是透明的，每天频繁地振动着，还有那细细的显得十分苗条的腰身。它们的尾巴上有一根螯针，所以不要轻易碰它，不然非常容易被刺痛。

蜜蜂的交流方式在动物界中也是非常奇特的。它们不仅会传达信息同时还在塑造美感。它们用"8"字舞来告诉其他蜜蜂蜜源的方向，如果

> **知识小链接**
>
> 蜜蜂中的那些没有经过受精卵发育而成的雄性的任务似乎不是那么重，它们既不会参加酿造也不会参加生产，而只是和处女蜂王交配共同繁衍后代。

❖ 蜜蜂

频率越高就表明蜜源越远。它们就是靠着这样的方式来沟通的。

❖ 蜜蜂

蜜蜂除了特殊的交流方式以外还有一个非常有名的本事，那就是建筑的才能。它们的巢都是六角形，这种建筑方式十分奇特。而且里面的一个个小巢基本都是水平方向，大小也非常均匀。巢门是标准的正六边形，底部是由三个锐角是 70 度和 32 度的菱形的蜡片对接而成的，这样就不会让蜜蜂们辛勤取来的蜂蜜流出去了。这样的建筑可以说是最省材料的，我们人类不具备的智慧，这花丛中的工作狂可是天生就有呢。

❖ 蜜蜂

Part5 第五章

分工合作的昆虫——蚂蚁

大雨来临之前我们常常会看到成群结队搬家的蚂蚁，它们不仅是预测天气的能手，同时也是人类分工合作的楷模。

蚂蚁在距今 1 亿至 7000 万年前就已经存在了，它们种类十分多，数量更是庞大，估计没有办法可以计算出来。

知识小链接

蚂蚁的巢都会建在地下，而且规模还非常大，有排水和通风的措施，不仅如此，它们会把自己的爱巢建造得十分合理和舒适。而这些都要由勤劳的工蚁来负责处理。所以，工蚁的功劳真的很大。

不要以为蚂蚁小就什么都办不成，它们凶猛起来可是十分恐怖的。例如有着"兽中之王"之称的在南美热带雨林生活的食肉游蚁和非洲的刺蚁，它们都是世界上最厉害的动物之一。虽然它们长得和普通蚂蚁没有什么区别，但是实力可是强得多。它们的蚁群通常都有两百多万只蚂蚁，这样庞大的数量的蚂蚁如果站成一排将是怎样的阵势呢？这个时候不要说是老鼠了，就是老虎见了也要躲起来，不然就会被它们集体围攻而死。雄性蚂蚁比较大一些，体长有 5 厘米，而兵蚁则只有雄蚁体长的一半。

蚂蚁可以吃很多东西，有些是肉食性的，有些是植食性的，还有些是杂食性的，总之有那么一点复杂。有些蚂蚁还能够收集蚜虫、贮藏种子、培养真菌。在蚂蚁这个家族里有三种类型，它

❖ 蚂蚁

们分别是蚁后、雄蚁和工蚁，而兵蚁是由工蚁变化而来的。我们平常看到的那些有翅的蚂蚁是雄蚁和雌蚁，而那些无翅的则是兵蚁和工蚁。

❖ 蚂蚁

蚂蚁家族的分工非常明确。蚁后和雄蚁的工作相对比较简单却也非常重要，那就是繁殖后代。尤其雄蚁，它们平时也不会做什么工作。如果食物匮乏了，一直伺候大家的工蚁就会首先把雄蚁拖出去，让它们自己生活。兵蚁负责整个蚁群的安全。工蚁的任务可是有些繁重了。它们负责整个蚁群的生活问题，每天奔波劳碌地去取食给大家吃，甚至还要给蚁后洗澡和喂食。等到蚁后产了卵，它们就把卵搬走，并且照顾幼虫、卵和蛹。总之，整个蚁群的工作是井井有条的，每只蚂蚁都在自己的位置上做着自己的本职工作，兢兢业业的，真是让人羡慕和敬佩。

■ Part5 第五章

会飞行的灯笼——萤火虫

在黑暗的夜里，行走在草丛里，我们会看到很多个灯笼在空中自在地飞行，它们就是点缀这个黑夜的能够发光的萤火虫。在世界上有萤火虫2100多种，它们主要在热带、亚热带和温带地区活动，给这些地区带来了生机和活力。

不要看萤火虫那么小，那些比它体形大很多的动物也会被它制得服服帖帖的。这都要归功于它头上那对像钩子一样的颚。这钩子可是十分锋利的，而且萤火虫还可以往里面输入毒汁，这样在扎一些动物的时候就会把毒汁输进动物的体内将其麻醉。很多蜗牛就是这样被小小的萤火虫俘获的，它用一种消化液把肥肥的蜗牛肉变成流质然后吞下。萤火虫还很无私，它会把食物分给自己的家人，让大家美餐一顿。

> **知识小链接**
>
> 雄虫的求爱方式比较特别，也比较礼貌。它会在20秒以内或慢或快的闪动发光器发出亮光，然后隔20秒以后再发出信息，这个时候如果雌性有回应就表示求爱成功；如果没有回应它就会识趣地飞走。

萤火虫的小小的身体只有几毫米长，再长一些的也只有几厘米。它们通常在潮湿而温暖的地方和长着许多草木的地方生活。蜗牛肉和一些小昆虫都是它们爱吃的食物。

萤火虫会发光，为了显示这个本领它几乎不会在光线充足的白天出来活动，尤其是雌性。到了夜间

❖ 萤火虫

它们就出来了，高高地翘起尾巴并发出光亮来吸引雌性与之交配。并随之把卵产在草茎或者苔藓上面。在夜里，萤火虫们就像是一个个会飞行的小灯笼。

❖萤火虫

为什么萤火虫可以发光呢？难道体内有电吗？不是的。它们的腹部有一个发光层，这个发光层是由几千个发光细胞组成的，里面含有荧光素和荧光素酶，必须要在水和氧气结合的地方才会发光。这也是萤火虫喜欢在潮湿的地方栖息的原因。

163

昙花一现的**蜉蝣**

动物的寿命虽然一般都不及人类的寿命长，尤其是那些小昆虫，但是它们的生命也不会太短。可是，蜉蝣似乎是一个特例，它们的生命就如同昙花一现般短暂。

蜉蝣在世界上有 2100 多种，属于昆虫纲蜉蝣目。它们的体形不是很大，只有20 毫米，长一些的有 40 毫米。它们的幼虫通常都生活在淡水湖或者是浅浅的溪流中。虽然已经没有了上下颚，但是它们的颚须还依然保留着。

蜉蝣繁衍后代比较特别，虽然没有人类的婚礼，不过它们有属于自己的"婚飞"。雌虫大胆地飞到雄虫那里与之配对，然后在水中产卵。成虫有成对的可以供它们在水里呼吸的气管腮。那些高等的水生植物和藻类等都是它们的食物，秋冬的时候它们还会吃水里的碎屑，因为这个时候很多食物都没有了，它们就不得不吃这些剩下的了。

幼虫成长以后就会在水面上或者是水边的石块

知识小链接

蜉蝣的上颚突出就像是牙齿。一般动物中，捕食性的种类上颚的切齿比较发达，而滤食性的则磨齿比较发达。总之都是为了能够适应它们进食的需要。

🌿 蜉蝣

和植物茎上，当太阳下山以后就会羽化成亚成虫，这个时候就和成虫十分相似了。但是，还要再过一天以后才可以蜕皮成成虫。虽然寿命很短，但是成长十分复杂。它们长成成虫以后就不会再继续进食

❖ 蜉蝣

了，几个小时或者几天后它们就会消失。看来长大也不是什么好事，如果它们喜欢音乐的话，那么《不想长大》这首歌一定是它们经常哼唱的。

蜉蝣虽然生命短暂但是价值却不小。蜉蝣很青睐那些含氧量比较高的水域，所以根据它们的数量就可以知道水质的污染程度了。真应了那句话，"生命不在于长度而在于宽度"。

Part5 第五章

音乐大师——蝉

我们常见的知了就是蝉，而知了这个名字则来源于它们的叫声"知了——知了"，好像它们真的什么都懂得一样。

蝉的体形比较大，最大的有4~5厘米长。它的听觉器官和触觉器官是头上的那对短触角。蝉吃东西也很特别，它会利用像是吸管一样的嘴巴来吸食汁液。

这位动物界的音乐大师究竟是如何发声的呢？我们一起把焦点对准它的腹部吧。原来那里藏着一个发音器，那永不停歇的声音就是从那里发出来的。可是，音乐大师却只有雄性，那些雌性是不具备这个功能的。

蝉无论是口渴了还是饿了都会用它那吸管一样的嘴去吮吸树里面的汁液，这样一来就把营养都吸到自己身体里，让自己可以长寿，可是这样却因此影响了大树成长的速度。不仅大树会遭到它们的破坏，连一些名人也遭到了它们的骚扰。2004年5月25日，美国总统布什正准备登上

知识小链接

蝉发出的叫声有三种不同的含义。一种是集合声，但是这要受到天气和别的蝉鸣的调节；求偶声，只有在交配前才会发出；最后一种就是被捉住了或者是受惊了以后的叫声，这个时候的声音很难听。

"空军一号"的时候，一只红眼睛的蝉还调皮地来骚扰一下呢。虽然有时候有点扰人，但是蝉也有药用价值，它们的壳常常被当作药材来使用。

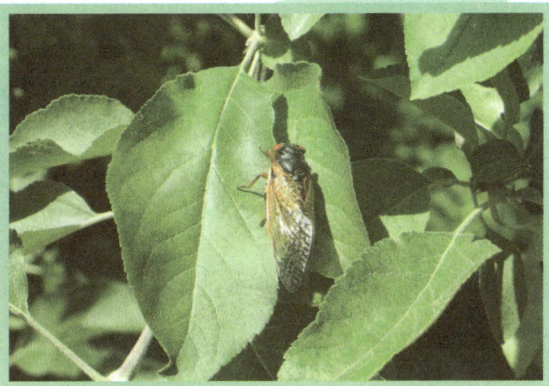

蝉的幼虫期叫作蝉猴、知了猴或是蝉龟。蝉的翅膀通常都是黑褐色，在炎热的夏天中午我们常常会听到它们接连不断的叫声，让我们难以入睡。

❖ 蝉

蝉的家族中雄性成员都是音乐家，它们有自己的优势。例如，蝉的家族中的高音歌手是一种被称作"双鼓手"的蝉，这也和它们的身体结构有关，它们发音器的中部是一个圆盘，这个圆盘可以内开外合，虽然没有什么变化但是声音却要比金丝雀大多了。难怪叫它们高音歌手呢。

蝉的出生其实并不容易。在蛹的时期它们必须在没有阳光的地下度过前两三年，也有可能更长。这个时候它们只能够吸食大树根部的汁液，一点点蓄积力量等着有一天见到光明的世界。它们通常都是用前腿来挖洞的，而且它们还可以用来攀缘。

蝉的生长过程也比较复杂。蜕皮的过程是由一种激素所控制。在蜕皮开始之前蝉蛹的背上会出现黑色的裂缝。为了可以挂在树上而不掉下去，蝉蛹的前腿必须像钩子一样。而且它们还必须垂直着面对树身，如果不这样发育就会畸形。大约历经一个小时，蝉慢慢挣脱外壳从里面来到这个世上。

❖ 蝉

这个时候它们的上半身才刚刚解放，此时它们的翅膀非常柔软，必须要通过体液的压力让翅膀舒展开，然后再把体液抽回身体里，这

❖ 蝉

个时候双翼才能变硬。双翼展开的阶段非常重要，如果受到干扰就可能失去飞行的能力。

蝉出土的方式也有所不同。例如在中原地区，蝉蛹总是在太阳落山的时候或者是深夜里从地下慢慢爬出来然后找地方蜕皮。而在沙湾就不同了，它们会选择在最热的中午出来。出来以后那嫩黄的体色慢慢就会被晒黑，如果全黑了那代表它们可以飞走了。

这位动物界的音乐家寿命还很长。但是，多半的时间都是在地下。短一点要两年到三年，长的就要五六年。在美洲，有一种蝉可以活 17 年，所以我们称之为"17 年蝉"。

❖ 蝉

Part5 第五章

色彩斑斓的"美人"——蝴蝶

在争妍斗奇的花丛中常常有美丽的蝴蝶在穿梭，它们静静地落在花朵上，无论是远观还是近看都是一幅美丽的画面。它们色彩斑斓，在阳光的映射下更是美丽无比。

蝴蝶身上那么多的色彩是从何而来呢？原来它们身上有很多细小的鳞片，鳞片中有很多种颜色的色素，因此在阳光的照耀下会产生很多种色彩，十分漂亮。

数字蝶

这么美丽的蝴蝶也有近亲，那就是蛾。它们和蝴蝶很像，有时候我们很难分清。不过蝴蝶的翅膀更加宽大，而且休息的时候总是直直地立在背上。可是蛾的则比较小，休息的

蝴蝶的卵通常是圆形或椭圆形，表面还有一层蜡质壳，蜡质壳会减少水分的蒸发。而且不同种类的蝴蝶所产的卵的大小也不尽相同。

时候还是平铺着的。蛾的触角像是细丝，而蝴蝶的像细棒。蝴蝶的身材较好，肚子又瘦又长，可是蛾的却是又短又粗。重要的是，通常我们会在白天看到蝴蝶，晚上则很少看见，而蛾却总是在夜

主斑蝶——飞行最远的蝴蝶

蝴蝶

里活动。

蝴蝶翅膀上面的鳞片可不仅仅是一种摆设。它还有重要的作用，那就是防雨。里面的脂肪可以保护翅膀，这就是为什么我们在小雨天里也会看到蝴蝶飞行了。

蝴蝶的一生比较曲折，要经历卵、幼虫、蛹、成虫四个阶段。它们为了让自己的幼虫出生就有食物，总是把它们产在比较喜欢的植物的叶子上面。看来蝴蝶还很有远见呢。幼虫出生以后就吃东西。然后经历蛹的阶段，和蚕蛹不同，蝴蝶的蛹是不会吐丝作茧的。当蛹摆脱了外壳以后翅膀就变得干燥和坚硬了，这样就可以自由地飞翔了。

蝴蝶

打不死的"小强"——蟑螂

蟑螂自古以来就是人们十分厌烦的动物，它们不仅危害着我们的生活，而且还很难将其除掉。在我们中间一直流传着一个它的外号——打不死的"小强"。

世界上的蟑螂超过 3000 种，但是其中约有 50 种是害虫。一般在热带和亚热带地区分布较多，在野外和室内都看得见它们的身影。

蟑螂是比较古老的昆虫，陆上的第一只恐龙的出现还要比它晚上一亿年呢。大约在 4 亿年前它们就存在了。而它们的化石表明它们过去和现在几乎没有什么不同。虽然外貌没什么变化，但是生命力可是越来越强了。如果它们的头掉了，它们还可以继续生活 9 天，但并不是因为没有头才死去的，而是因为太过于饥渴。所以，称之为打不死的"小强"实在是不为过。

而且曾经有生物学家还下过一个定论：如果有一天地球上发生了全球核子大战，在影响区内的所有生物都会消失殆尽，只有蟑螂会继续它们的生活。可见蟑螂的生命力是何等的顽强，它们所能承受的辐射量要远远超过人类。

蟑螂还有一个名字，叫作蜚(fēi)蠊(lián)。蟑螂不仅在本质上让人讨厌，而且体色还是脏兮兮的黑色或者褐色，它们在林地和室内都可以生活。身体又扁又滑，小小

❖ 蟑螂

的头部，大大的胸部。它们不仅生命力强，飞行和爬行速度也非常快，这样就更难捉到它们了。而且，很小的空隙它们也可以钻进去，所以有时候抓蟑螂也是一件特别让人生气的事情。

❖ 蟑螂

　　为什么很多食物都逃不过蟑螂的法眼呢？原来它们那覆有几千根小毛的触角可以嗅到很多气味，这样它们就能够准确地找到那些东西了。

　　蟑螂的听觉非常好，反应速度十分快，在 0.054 秒内就可以迅速捕捉信息然后逃跑。所以，我们还真的很难斗过它们呢。

　　蟑螂的繁殖能力十分强，繁殖速度很快，高温和低温的环境都不会阻碍它们生存。正是因为它们无坚不摧的能力，所以一直生存了 3 亿多年还没有消失。不得不赞叹它们的生命力啊！

七星瓢虫——美丽的花姑娘

瓢虫的种类非常多，一年中大部分时间我们都能在花园里发现不同种类的瓢虫。我们可以从它们的颜色上加以区别，有些是黄色，有些是橘色或红色。其中，有一种瓢虫很受欢迎，它就是七星瓢虫。

知识小链接

瓢虫是一类非常漂亮的甲虫，而且非常常见，庭园、路边、农田和森林均能发现。它们中的多数种类捕食蚜虫、介壳虫。瓢虫对人类有益，约有1/5的瓢虫取食植物，另有一小部分瓢虫取食真菌如白粉菌的孢子。世界上已知瓢虫5 000多种，我国已记录的约690种，是世界上已知瓢虫种类最多的国家。

七星瓢虫是鞘翅目瓢虫科的捕食性昆虫，和其他瓢虫不同，七星瓢虫是益虫，能大大减轻树木、瓜果及各种农作物遭受害虫的损害，被人们称为"活农药"，在中国好多地方，被亲切地称为"花大姐"。七星瓢虫一生要经过卵、幼虫、蛹和成虫4个发育阶段。

七星瓢虫以鞘翅上有7个黑色斑点而得名，每年发生世代数因地区不同而异。例如，在河南安阳地区每年发生6~8代。北方寒冷地区，每年发生世代数则较少。七星瓢虫成虫寿命较长，平均可存活77天，成虫和幼虫捕食蚜虫、叶螨、白粉虱、玉米螟、蚜虫、棉铃虫等幼虫和卵。一只七星瓢虫雌虫可产卵567~4475粒，平均每天产卵78.4粒，最多可达197粒。七星瓢虫取食量大小与气温和猎物密度有关，七星瓢虫近80天的生命期可取食上万只蚜虫。

七星瓢虫

七星瓢虫有较强的自卫能力，虽然身体只有黄豆那么大，但许多强敌都对它无可奈何。它的 3 对细脚的关节上有一种"化学武器"，当遇到敌害侵袭时，它的脚关节能分泌出一种极难闻的黄色液体，使敌人因受不了强烈的气

❖ 七星瓢虫

味而仓皇退却、逃走。它还有一套装死的本领，当遇到强敌和危险时，它能立即从树上落到地下，把 3 对细脚收缩在肚子底下，躺下装死，瞒过敌人而求生。

七星瓢虫在不同季节的活动场所不一样。冬天，七星瓢虫在小麦和油菜的根茎间越冬，也有的在向阳的土块、土缝中过冬。春天，一旦气温升到 10℃以上，越冬的七星瓢虫就苏醒过来，开始活动，在麦类和油菜植株上能找到它。夏天，随着气温升高和食物增多，七星瓢虫大量繁殖，凡是有蚜虫和蚧虫寄生的植物，如棉花、柳树、槐树、榆树、豆类等植株上，都能找到七星瓢虫，有时甚至出现大批七星瓢虫聚集的景象。秋天，田间七星瓢虫的数量减少，它常在玉米、萝卜和白菜等处产卵，这时候，早晚的气温较低，七星瓢虫往往隐蔽起来，不易发现。越冬的七星瓢虫不食不动，只要找到，用手就能捉住。

有趣的是，瓢虫之间还有一种奇妙的习性：益虫和害虫之间界限分明，互不干扰，互不通婚，各自保持着传统习惯，因而不论传下多少代，不会产生"混血儿"，也不会改变各自的传统习性。这让人们很容易区分瓢虫的好坏。

Part5 第五章

恶毒的昆虫——蝎子

蝎子是一种非常凶猛的动物，它们前面的那对大螯让很多动物甚至是人看了都害怕。不仅如此，它们尾巴上的那根毒刺的毒性还非常强，如果被刺到了，痛、流汗、口吐白沫等症状就要相继出现了。如果不及时抢救很有可能丧命，看来蝎子的恶毒还真是名不虚传啊。

在世界比较温暖的地方生活着蝎子这种比较恶毒的昆虫，特别是在沙漠地区，它们出现得更加频繁。蝎子虽然有毒，不过也正是这样的毒让它们成了贵重的药材。"五毒之首"的蝎子在中国只有十几种，而在世界上有一千多种。

蝎子似乎知道自己不被大家看好，所以总是在夜间行动。在潮湿的地方更有可能存在着蝎子，而且它们通常都是安静的，喜欢群居生活，总是在一定的窝穴里定

知识小链接

成蝎的形状像琵琶，在身体表面覆盖着硬皮。蝎子一般有五六厘米长，且全部为肉食性。那些无脊椎动物，例如蜘蛛、蟋蟀等都是它们爱吃的。

居。虽然对别人比较毒，但是它们内部可是非常和谐的，几乎看不到它们互相残杀。但是，这仅仅限于同窝内，不是同窝的也会常常自相残杀。

蝎子一般在 11 月上旬开始冬眠，在次年 4 月下旬的时候便出蛰。所以，全年的活动时间只有 6 个月左右。每天的活动时间比较固定，总是在晚间 8 点到 11 点，一直到第二天两三点才回到窝里面好好地休息一下。不过蝎子在有风的时候很少出来活动。蝎子属于变温动物，但是很耐严寒和炎热。在 40℃到零下 5℃它们都可以生存。看来这恶毒的蝎子的生命力还很强呢。

❖ 蝎子

■ **Part5** 第五章

多足动物的代表——蜈蚣

如果自然界的动物也像人类一样需要穿鞋子的话，那么有一种动物估计是买不起鞋子的，因为它长了太多的脚，它就是蜈蚣。

陆生节肢动物蜈蚣的身体有很多个体节，每个体节上都有一对足，因此蜈蚣就有很多对足了。蜈蚣通常都在晚上活动，白天隐藏在比较暗的地方，似乎还有点"见不得光"呢。多足的蜈蚣和蛇、蝎、壁虎和蟾蜍被人称为"五毒"。

不要看蜈蚣的体形不大，但是它可以凭借着那个可以喷出有毒液体的颚牙杀死比自己还大的动物。有的时候它们不太团结，会出现自相残杀的局面，也有同种互相残杀中毒而致死的现象。生性凶猛的蜈蚣是肉食性动物的典型，它的食物种类有很多，昆虫里的蟋蟀、蝗虫、金龟子、蝉、蚱蜢和各种蝇类、蜂类，甚至是蜘蛛、蚯蚓、蜗牛以及比它身体大得多的

知识小链接

蜈蚣通常喜欢在多石少土的低山地带生活。平原地区分布的数量较少。蜈蚣白天一般都潜伏在砖石缝隙、墙脚边和成堆的树叶、杂草、腐木阴暗角落里，到了晚上才出来活动。

❖ 蜈蚣

蛙、鼠、雀、蜥蜴、蛇类等动物蜈蚣都可以进食。早春的时候它的食物多数都还没有出现，这个时候它会先吃少量青草及苔藓的嫩芽来充充饥。

❖ 蜈蚣

蜈蚣比较喜欢在安静的环境中生活，因为它的胆子比较小。

蜈蚣的药用价值也很高，是一种很好的药材，这也是很多农户人工养殖它们的原因。

蜈蚣被人们称为"百足"甚至是"千足"。而事实上它没有这么多的足。通常情况下，一只蜈蚣只有 44 只脚，包括 21 对步足和 1 对颚足；俗称为"钱串子"的蚰蜒，只有 15 对步足和 1 对颚足，不过它们的第一对脚是它们的颚牙，不仅锋利而且有毒，所以我们看到它们的时候要时刻小心；而"石蜈蚣"也只有 15 对步足。除此以外，还有一些蜈蚣有很多对步足，有的多达 191 对，但是却很短。马陆虽然多足，不过也只有 88 只脚。

❖ 蜈蚣

蜈蚣不仅多足而且生命力也很旺盛，除了寒冷的南北极外，几乎世界各地都可以看见它们。看来蜈蚣不仅脚多，数量也比较多呢。

Part5 第五章

人见人烦的动物——苍蝇

> 苍蝇的平衡能力非常强，无论是飞行还是在非常光滑的地方站立的时候，它们都可以保持平稳的状态。这是因为它有一根平衡棒，那是由它的后翅演化而来的。而且它足上的爪钩、爪垫、小毛以及爪垫上分泌出的黏液都能够让它在光滑的界面上平稳地行走，甚至倒立。

为什么称苍蝇为人见人烦的动物呢？这是因为它身上的病菌、细菌太多了。关爱自己健康的人类自然会讨厌四处传染疾病、细菌的苍蝇了。

知识小链接

如果温度适宜，雄性家蝇羽化后18～24小时、雌性家蝇羽化后30小时就能够性成熟从而交配。而且苍蝇一次交配可以终身产卵，平均一只雌蝇一生能够产卵5～6次，每次产卵数约为100~150粒，最多的时候有300粒之多。

苍蝇的食物范围可是很广。而且越是我们看起来脏的，例如垃圾堆里那些已经臭得熏人的食物，让人看了就恶心的粪便等，都是苍蝇的最爱。它还常常在脏东西里面产卵，因为脏东西对于它们的卵的生长十分有利。在炎热的夏天，每10天苍蝇就会繁殖出新的一代。

虽然苍蝇看起来让人生厌，但是它也有很重要的作用。它的幼虫是植物重要的分解者，而且爱吃甜食的成虫能够帮助农作物授粉和品种的改良。对了，苍蝇也有一定的医学价值。把活蝇蛆

❖ 苍蝇

❖ 苍蝇

接种于伤口之中，可以有效地杀菌清创，促进愈合。而且富含蛋白质的蝇蛆还是重要的饵料、饲料呢，在工厂的生产中可是少不了它们呢。

或许你会好奇地问：这么脏的苍蝇为什么自己不会生病呢？这是因为它的身体里具有抗菌活性蛋白，无论是什么病菌在苍蝇身上的寿命都不会超过 7 天。

目前，科学家们试图从苍蝇身上提炼疫苗从而造福人类。

苍蝇的寿命并不是很长，在夏季的时候它们可以存活一个月左右的时间。温度稍低会生存两个月到三个月。不过如果温度低于 10℃它们就不能够正常活动了，但是可以延长它们的寿命。普通的苍蝇包括幼虫期和蛹期寿命可达 25~70 天。

带着大刀的捕虫能手——螳螂

螳螂在全世界有 2 000 多种，仅仅我国就有 100 多种。螳螂通常为长条状，有褐色、绿色、黄色、白色等多种颜色，而且有的还像金属那样十分闪亮。

螳螂的头部呈三角形，复眼十分凸出，头部能够自由地左右活动，嘴发达有力，牙齿非常硬。螳螂最特别的地方就是它的前脚了，看起来就像是一把铡刀，上面还布满着小刺，这对于它们捕杀猎物和切割食物起了不小的作用。猎物一旦被螳螂抓到就很难逃脱掉了。

螳螂也是一个飞速的捕猎能手，从扑击到捕获只需短短的 0.05 秒，这个时间还不够我们眨一眨眼睛呢。螳螂之所以可以如此神速是因为它的两只复眼非常大，视野非

知识小链接

我们常常在植丛中看到螳螂，它的体形像绿叶或细枝、地衣、褐色枯叶、鲜花或蚂蚁。这种拟态不仅可以让它们逃过天敌的察觉，而且也便于捕获猎物。

常广，对于猎物，它总能很快很准地发现，然后采取行动。它的感觉触毛由几万根弹性毛组成，是两个非常敏感的感受器，当头部转动的时候，触毛的感觉细胞就会立刻传到大脑，并纠正视觉器官的偏差信息，然后再用两把"大刀"精准地砍死猎物，然后吃掉。

❖ 螳螂

螳螂是生性十分凶残的肉食性昆虫，它们不仅会捕杀其他小昆虫，还会发生自相残杀的事件。经观察发现，如果大螳螂极度饥饿而又没有食物可吃的时候，它们会无情地吃掉小螳螂。不仅如此，在雌雄螳螂交配时，体形较小的雄螳螂常常会被体形较大的雌螳螂吃掉。看来螳螂饿起来还真是"六亲不认"。

❖ 花螳螂

如果你发现螳螂昂着头，把两把"大刀"收拢在胸前，一直在那里静静地待着的时候，这很有可能是在等待着猎物的来临呢。它们很有耐心，有的时候可以这样守候1小时之久，所以，西方人还称它为祈祷虫。

螳螂是一个挥着"大刀"的捕虫能手，它的取食范围非常广，无论是大型的两栖类、爬行类，还是小型的昆虫、蜘蛛，都有可能成为它的"刀下之魂"。而蝗虫、蝴蝶和蝉则是它的最爱。别看螳螂平时行动慢吞吞的，它可是首屈一指的伏击手呢。如果发现猎物，它会以迅雷不及掩耳之势出击，用前脚先卡住猎物，然后用锋利的牙齿咬食，几乎没有失手过。

螳螂

Part5 第五章

善于飞行的益虫——蜻蜓

蜻蜓是一种非常善于飞行的昆虫，它那薄薄的翅膀非常有力，头部可以自由地转动。蜻蜓算是昆虫里面比较大型的了，触角又短又小，长着发达的复眼，还有一个咀嚼式口器，是喜欢吃害虫的肉食性动物。

在世界上眼睛最多的昆虫就是蜻蜓了，它们的眼睛特征非常明显，又大又鼓，几乎占了头的大部分。它们的眼并不是圆形的，而是像一个半球面。在这个半球面上生长着 28,000 多只小眼，它们的眼睛数量还真是不少呀。这些小眼睛上下分工还不同呢，上面的看远处的事物，下面的则看近处的。所以视觉非常好，不仅如此，它们的复眼还有一个功能，那就是测试速度。这为它们成功捕虫提供了十分有利的条件。

蜻蜓是一个十足的飞行能手，看，那鼓着大大的眼睛的蜻蜓伸展着双翅在空中优雅地飞着，时而滑翔，时而降落，就像是一个空中的表演者，让人为之赞叹。它们体力和耐力都很好，小小的蜻蜓以每秒 20 到 40 次的振翅频率可以连续飞行 1 000 千米。

知识小链接

蜻蜓的成虫在飞行中捕食飞虫，它们通常会吃一些对人类有害的害虫，例如蚊子，但是因为它们食性比较广，所以不能够专门吃某种害虫，也就不能专门地防治某一种虫害，但是依然对人类有所帮助。

❖ 蜻蜓

这位飞行能手善于飞行，就连交配也要在飞行的过程中进行呢，雄性的在前面，雌性的后面，它们共同飞行。还记得比较著名的"蜻蜓点水"吗？这是它们产卵时候的表演，以此来庆祝新生命的到来，同时也是在把卵放到水中呢。蜻蜓的一生蜕皮多于11次，大约两年以后，它们的幼虫——水虿会慢慢地爬出水面，随后会蜕皮羽化为真正的成虫，开始度过自己真正的一生。

❖ 蜻蜓